别胡思乱想了：

停止精神内耗的 23 个方法

［美］尼克·特伦顿（Nick Trenton） 著

赵文婷 王 潞 译

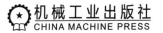

机械工业出版社

CHINA MACHINE PRESS

Copyright ⓒ 2021 by Nick Trenton

Simplified Chinese translation rights arranged with PKCS Mind,
Inc. through TLL Literary Agency

北京市版权局著作权合同登记号　图字：01-2022-1583。

图书在版编目（CIP）数据

别胡思乱想了：停止精神内耗的 23 个方法/（美）尼克·特伦顿
（Nick Trenton）著；赵文婷，王潞译．—北京：机械工业出版社，
2022.12（2023.11 重印）

书名原文：Stop Overthinking：23 Techniques to Relieve Stress, Stop
Negative Spirals, Declutter Your Mind, and Focus on the Present

ISBN 978-7-111-72282-3

Ⅰ.①别… Ⅱ.①尼… ②赵… ③王… Ⅲ.①心理调节-通俗读物
Ⅳ.①B842.6-49

中国版本图书馆 CIP 数据核字（2022）第 252934 号

机械工业出版社（北京市百万庄大街 22 号　邮政编码 100037）
策划编辑：梁一鹏　　　　　　　责任编辑：梁一鹏
责任校对：韩佳欣　王　延　　　封面设计：吕凤英
责任印制：郜　敏
三河市宏达印刷有限公司印刷
2023 年 11 月第 1 版第 3 次印刷
130mm×184mm · 4.25 印张 · 76 千字
标准书号：ISBN 978-7-111-72282-3
定价：58.00 元

电话服务　　　　　　　　　　网络服务
客服电话：010-88361066　　　机　工　官　网：www.cmpbook.com
　　　　　010-88379833　　　机　工　官　博：weibo.com/cmp1952
　　　　　010-68326294　　　金　书　网：www.golden-book.com
封底无防伪标均为盗版　　　机工教育服务网：www.cmpedu.com

contents
目　　录

第一章
过度思考不只是想得多

有一个叫詹姆斯的年轻人，他善良、聪明且自我意识很强（可能有一些过于自我）。他总是为一些事情担忧。今天，他感觉自己身体有一点小疼痛，他又开始焦虑了。于是，他上网查了一些相关资料后，开始为各种可能性而感到恐慌。之后，他停下来审视自己："我有可能过度思考了。"

因此，他停止过于关注自己的健康，可是又注意到自己过度关注健康的这个念头。可能他真的需要治疗了，但怎么治疗呢？他的想法开始信马由缰，内心开始挣扎："我到底怎么了？""我是应该去找医生咨询吗？""我没事吧？"在无尽的回忆、猜测和恐惧中，他自己反思着。当他停止思考这些的时候，他又会问自己另外的问题："我这样是焦虑的表现吗？我是不是得了恐慌症？或者我得了精神分裂症，但自己不知道？"他觉得没有人像他这样痛苦挣扎。事实上，在他产生这些想法的那一刻，他的脑子里就满是各种被批评被否定的可能性。

他用放大镜一遍一遍地审视着自己的每一个缺点，问自己为什么会是这样，责怪自己为什么就不能放松一些。大约一小时之后，他失望地得出结论：对于他的健康，他无法确定什么。接着，他又开始持续的抑郁，陷入自我否定的对话当中。他不断地告诉自己，他总是会这样，他无法厘清事情，他神经过敏……

哦，天哪！你很难相信，詹姆斯的这些精神折磨竟然只是来源于他自己的肩膀上有一个看起来有点奇怪的痣！

我们都生活在一个高度紧张的，需要时刻思考的世界里。当我们正常的认知能力被超负荷使用时，我们的思维会失控，会产生压力，形成过度思考。对于生活和自我的无尽忧虑通常不是由我们个人主观意愿所控制和阻止的，而且它有一定的自我摧毁能力。通常情况下，我们的大脑会帮助我们清楚地认知事物并解决问题，但是过度思考只会适得其反。

不论你称其为担忧、焦虑、压力、反思或是挥之不去的阴影，过度思考都会让人们感觉糟糕，并且毫无裨益。最典型的过度思考通常表现为一些被放大的、极具干扰性的念头在大脑里无限循环。

你曾经遭遇过过度思考吗？有时，过度思考者很难意识到自己的问题，直到另一个"普遍存在的"忧虑取而代之。

这是因为他们非常擅长于说服自己他们目前的忧虑是普遍存在的。过度思考通常表现为精神方面的持续焦虑和抑郁，但有些过度思考者可能完全没有以上症状。

过度思考是一种具有伤害性的精神活动。这个活动可以是对事物的分析、判断、监测、评价、控制或以上所有。就像詹姆斯的案例一样！

如果你有以下表现，就可能存在过度思考的问题：

你时常意识到自己在想一些东西。

你时常陷入元思考，即思考自己的思考。

你很努力想去控制自己的思维。

你会被自己无意识的想法影响而感到沮丧，或者认为这些想法很糟糕。

你总是会认为思考就是两种冲突间的斗争。

你会频繁地质疑、分析或评判你的想法。

在危急时刻，你总是把自己或自己的想法看作是问题的源头。

你总是专注于弄明白自己的想法，并挖掘自己的内心活动。

你很难做决定或经常怀疑自己做出的选择。

你会担忧很多事情。

你意识到自己反复陷入某种消极思维中。

你时常感觉自己不由自主地回到某种念头当中，即使是已经对其无能为力的念头。

　　理论上，你会发现以上问题当中不乏有我们所认为的好的表现。有谁不想让自己拥有更好的意识和觉察力呢？有谁会认为思考膝跳反应或者多问自己几个问题从而更好地做决定是不好的呢？但是，过度思考的关键就正如其名，它已经超出了对我们有益的程度。

　　思考能力是人类美妙的天赋。去反思、分析甚至质疑自己的思维过程是人类独有并让人类取得无数成就的显著特征。思考能力不是我们的敌人，大脑是人类展示非凡能力的工具，但当我们过度思考时，它的能力就被我们破坏了。

让你精神混乱和痛苦的原因

　　如果说大脑如此了不起，思考能力如此美妙，那为什么我们人类容易迷失在过度思考当中？各个年龄阶段的过度思考者都提出了自己的理论：也许过度思考是一种坏习惯，或者是一种性格特征，或者是一种可以被药物治疗的精神疾病。事实上，一个人过度思考的原因可能会成为过度思考者所喜欢讨论的话题："为什么我是这样的？"

　　如果你拿起了这本书，那么很有可能你曾被过度思考所困扰。但是，这里有解决办法。这本书可以让你摆脱压力和自我毁灭，重新拥抱清晰而安宁的世界。然而，你需要注意：**过度思考的原因不是过度思考的焦点。**这该如何理解呢？在詹姆斯的案例当中，他的过度思考与他肩膀上的痣毫无关系；与他是否选择合适的心理医生且那个人在 23 年前跟他说了什么也毫无关系；与他是否应该为自己是个坏人而有负罪感也毫无关系。

所有的这些都是过度思考的结果。当我们陷入自我毁灭中，看起来问题似乎源于那些思考。我们对自己说："如果能找出那些烦扰我的事情，我就能够轻松，一切也就会好起来。"但是，即使你认为的问题被解决掉了，其他的也会再来。那是因为它们不是过度思考的原因，而是结果。

许多过度思考者处于他们过于活跃的大脑控制之下，这是因为他们不明白到底发生了什么。他们急于解决那个所谓的"问题"，却忽略了他们对于真正问题的评估才是问题本身。因此，你可能会执着于某些解决办法并倾尽心力去使用它们，结果却发现你一如开始一样身心俱疲。

如果希望成功地应对过度思考，我们就需要后退一步而不是费力地从已经被伤害的内心当中找解决办法。这本书中将坚持一个假设：当谈论过度思考时，我们把它看作是一种焦虑。在没有被正式诊断为焦虑症的情况下，人们都会有过度思考。但是在接下来的章节当中，我们会把焦虑看作是根源，过度思考是结果。那么，焦虑又从何而来呢？

这是你吗？

关于焦虑原因的研究一直都在进行中。竞争理论认为这是因为性格或者是生物遗传性倾向问题——某种来自你同样焦虑的父母的遗传。焦虑通常伴有精神与身体双方面的功能紊乱，例如抑郁症和肠道易激综合征。但是，我们也观察到，特定人群（例如女性群体）更容易产生由诸如节食、生活压力、过往精神创伤甚至社会文化所带来的焦虑。

人们容易受到多方面的焦虑影响，如金钱、家庭成员关系、衰老或者生活压力等方面。但是如上文所提的，这些因素是焦虑或过度思考的原因还是结果？毕竟，还有许多人遭受了巨大的经济或家庭压力也并未感到焦虑或过度思考，而还有一部分人在并没有受到任何明显的外界压力时却表现出了焦虑。

为了弄明白这些现象，我们采取科学的态度进行研究，即焦虑形成的多元因素是什么。它可能来自于多种因素彼此作用的结果。你焦虑的首要原因可能是"先天与后天"较量中的先天因素。换句话说，尽管你现在无从得知，但是焦虑的主要原因能够被归结为一个个体的内在因素。

让我们从一个最常见的焦虑原因入手：基因。事实上，没有一位专家能够确定指出是哪一个基因造成了焦虑。然而，有研究者发现了一种遗传成分。普维斯等人 2019 年在期刊《分子精神病学》上发表的论文中指出，9 号染色体携带着与焦虑形成相关的基因。但是，携带这样的基因并不必然意味着你会患焦虑症。

该论文进一步指出了焦虑症有 26% 的遗传概率。这意味着人是否会患上焦虑症，基因有 26% 的决定权。我相信你肯定会认为这是很小的概率，那么另外的 74% 呢？这个要归结于你的成长环境、家族史、过往经历和现在的生活方式。此类研究难度很大，因为你必须一分为二地看待遗传自父母的焦虑——生物性基因遗传，抑或是家庭教育对我们的塑造等。这样一来，要区分开生物性基因影响和行为影响就比较困难了。

如果你的父母患有焦虑症，那么你患上焦虑症的概率就会大很多——但这也仍然是一个概率问题。没有任何"焦虑基因"会让你无法逃脱焦虑症。甚至有证据表明，随着我们年龄的增长和身边环境的改变，基因对我们的影响越来越小。因此如果你意识到可能有患上焦虑症的倾向，你可以学着去调整它、改变它并愉快地生活下去。

过度思考是基因问题吗？是的，但并不完全是。我们的成长环境、家族史，过程经历和现在的生活方式仍然有 74% 的决定权。这就意味着环境更为重要。我们对于基因无能为力，但除此之外，我们可以做很多。

除了基因遗传，还有很多其他的焦虑来源。许多人成为习惯性的过度思考者，因为它给我们一个假象，让我们误以为自己在为自己思考的事情做了些什么。所以，如果詹姆斯担忧他的健康问题，他会很自然地反复思考问题成因和解决办法，因为这样会让他认为自己在努力寻找问题的根源，但事实是过度思考只会让你寸步难行。这是因为过度思考者陷入了一个分析、推翻和再思考的死循环当中。这就好比挠痒痒，无论它让你感到多么舒服，都只是暂时的缓解，却不会根本解决问题。

另一个让你难以脱离这个死循环的原因是它在以恶作剧的方式影响着你。它可以缓解你的恐惧，你应该已经注意到了，某个动机加剧了你的过度思考。这个动机可能是你对自己能力的不信任感，你和某个人的关系，你的精神或身体健康问题等。当你的思考疯狂蔓延时通过简单粗暴的压制会带来反作用，你开始更加担忧你所担忧的事情。这是一个多么无助的状态！但是本书接下来将会与你一起探讨一些技巧，帮助你跳出这个死循环。

最后，我们一些日常习惯也会造成焦虑，这种焦虑会导致既难以察觉又挥之不去的过度思考。一些看似无伤大雅的习惯会加剧你的过度思考，例如，频繁使用社交媒体、不健康饮食、喝水少和不良睡眠习惯等。在目前我们所提到的所有因素当中，习惯是最易于控制的。然而，接下来的这个焦虑来源则不那么好控制了。

这是你所处的环境吗?

基因可以赋予你比其他人都更加美丽的小麦肤色,但是你的小麦肤色可能是太阳不是基因决定的。同理,基因以某种方式首先塑造了我们,但是让我们焦虑的更大因素却是生活。也就是说:基因塑造+压力诱发事件=过度思考。

传统观点认为精神因素仅仅存在于有潜在精神问题的人们身上,例如大脑里的化学失衡。但是我们现在确定地认为焦虑和与其相关的精神健康状况产生于高压状态下的生活。

压力不是坏事。积极压力是一种正常的激励我们勇往直前、成就美好的力量。然而,当压力过大时就会适得其反,让我们心力交瘁,无力应对外界。另一方面,我们也可能因为毫无动力而倍感压力。当我们处在一个没有足够挑战的环境中时,就会产生这种压力。这就表明为了更加美好,我们并不是不需要压力,而是需要一个适度的压力。

不要混淆压力和焦虑。心理学家莎拉·爱德曼博士解释说压力是处在一个环境中的外在力量,而焦虑是这个外在力量给我们的内在感受。对同样压力的反应因人而异,因为每个人有不同的智力和承受力。我们对压力大的反应包括情绪反应(愤怒、沮丧)和身体反应(失眠、消化系统障碍或者无法集中精力）。

活着本身就是压力。体验压力、挑战和不适是我们生活的日常。但如果它持续不断并且超出了我们的承受能力，我们就会感到疲惫、沮丧或者焦虑。我们身体进化出来的"战斗——逃离"反应是一种防御机制——但这并不意味着我们要长期处于超强兴奋状态。如果你给一个已经在身心方面出现过度思考倾向的人持续增加压力的话，这必定会导致他身心俱疲。

工作压力、难以管教的孩子、一段耗费情感的关系、24小时无止境的消息循环、政治、气候变化、楼上邻居的噪声、缺乏睡眠、吃太多垃圾食品、去年发生在你身上的创伤事件、你可怜的银行余额……面对这些，我们很多人都会身心俱疲。

研究者肯尼斯·肯德勒和他的团队发现人们重大的抑郁和焦虑跟之前几个月中发生的痛苦事件有紧密联系。例如，丧失亲友、离婚、交通事故、犯罪，甚至是经历贫困或种族歧视。一些其他的研究（早在 1986 年布朗和芬克尔霍的研究）发现成年时期出现焦虑的主要原因是童年时期经历过痛苦、虐待或是缺乏监护。2000 年，克莉丝汀·海姆和同事们研究得出，童年时期经历过性虐待的女性在成年后面对压力更加敏感。这意味着与他人相比，她们对于压力的心理反应更强烈。

当我们提到环境因素时，我们会更多关注那些造成过度思考的主要人生经历或时期。这些我们都已在上文中提到过。接下来这里还要从一个新的角度去看环境因素对我们的影响。我们大部分时间所处的直接环境——家或者单位（办公室），它们的空间构成或方位对我们的焦虑程度有着很大的影响。

如果你曾把"打扫房间"看作是可以应对压力的方式，大抵就是因为以上原因。无论在家还是单位，凌乱普遍被认为是一个重要的焦虑原因。这是因为人们潜意识认为这反映了你的性格。诸如灯光的品质、你闻到的气味、听到的声音、墙体颜色和与你共处一室的人都会增加或减少你的焦虑感，这个程度取决于你主观上对它们的接受度。柔和的灯光、沁人心脾的香薰和有着令人感到平静的墙体颜色都有助于缓解你的焦虑。它们的效果好到令你吃惊。

因此，不仅仅是基因构成，你的经历和所处的环境中的压力源都有可能让我们面对焦虑时变得更加敏感。返回到先前的例子当中，即使某个人有不惧太阳灼晒的深色皮肤，如果他经常被强紫外线暴晒，也会被晒伤。

我们再进一步来看，设想一个白皮肤、易晒伤的人。这类人生来没有抵御紫外线的基因，但他们会有意识地去选择涂抹防晒霜。通过这样的方式，他们选择中和环境的影响，主动应对生活。这就涉及形成压力的第三个方面：我们的行为和态度。

神秘要素：我们的思维模式

是先天还是后天的辩论终于有了定论：二者共存，兼而有之。我们是否会感到焦虑源于以下两者：

我们的基因、生物性特征和敏感度。

我们的经历、感受到的压力和环境条件。

但是在对待它们的关系，对它们的理解和控制它们的主观意愿方面，我们每个人都不尽相同。我们是否会产生焦虑的最有力的决定因素是我们的认知方式、思维框架以及它们在我们内心中激发出来的行为。例如，你选择读这本书的时候，你就选择了去理解那些可以影响你生活的，并非绝对先天或后天的因素。

在先天与后天因素之间有个交叉点，那是你的人生故事、三观、与自己的对话和对自己的看法。俗话说："击垮你的不是肩负的重担，而是你扛起它的方式。"你是否认为一件事情令你无法喘息，取决于你如何解释和理解它，以及你如何积极地应对它，也就是你所做的选择。

面对同一个情况，两个人会有截然不同的评价——他们各自对事物的评价让他们有了不同的经历，而不是事情本身。有些对事情的评价会导致令你倍感压力的结果。例如，如果你视事物都有外控点（你认为生活是被运气、随机性和其他人所控制），那么你会把某种新情况的出现看作是威胁而不是新机遇。并且一旦你确认那是威胁，你的行为就会表现出来，进而变得焦虑。

你对事物的看法、态度、自我意识、世界观和认知模式都将走向中立。我们并非对压力做出回应，而是对压力的看法做出回应。在接下来的章节中，你不会看到教你如何改变基因（本就不可能），也不会学到如何摆脱你所处环境中的压力（有可能，但可能性很小）。相反，我们将重点关注那些通过改变自我认知就能更好应对焦虑和过度思考的事情。

过度思考者通常会为他们的过度思考找到一些基因或是环境方面的"原因"。但其实是他们对事物的特有看法使得所有的事情一股脑都出现，产生了巨大的压力。当谈及对抗压力时，你对自己与生俱来的能力有多大信心？你怎样看待世界和存在于世上的挑战？当你面对这些挑战时有多大的胜算？你有什么日常习惯？你的自尊心被保护好了吗？你的底线在哪里？以上的事情，我们都能够改变。

在这本书接下来的部分中，我们将着眼于一些具体且实用的例子，这些例子都与如何把认知行为疗法融入你的生活相关。运用科学的技巧，我们能够重塑认知，调整行为，阻止我们过度思考，从而让大脑正常运作。我们还将找到一些方法来强化你的控制能力，让你心中充满希望和开心而不是恐惧，让你可以控制压力来掌控自己的生活而不是被生活所控制。

在我们深入钻研这些技巧之前，让我们先思考如果不这样做会有什么风险。来，把你的幸福快乐牢牢地攥在自己手里吧。

过度思考的后果

你还记得本书一开始的詹姆斯吗？我们走进他的大脑去一探究竟。但是，设想一下作为詹姆斯本人，一周 7 天，每天 24 小时，他的大脑都在不停运转着，永不停歇。可能你已经想到了结果，但是还有很多人并不认为担忧和过度思考很有杀伤力，它们不就是一些念头吗？

当然不是——焦虑是一种身体的、思维的、心理的、社会的，甚至是精神上的表现。过度思考影响着生活的方方面面。当你察觉到威胁时，你的 HPA 轴（下丘脑—垂体—肾上腺轴）受到了刺激，体内的神经递质和荷尔蒙激增并在身体上表现出来——这就是经典的"战斗—逃离"反应，它可以让我们的身体免受威胁的伤害。

长期和短期上的身体表现包括：

心跳加速、头痛、恶心、肌肉紧张、疲倦、口干、眩晕、呼吸急促、肌肉疼痛、发抖抽搐、多汗、消化系统紊乱、免疫系统功能减退和记忆力减退。人体本身是可以承受短期的高压的，但在应对反复出现的压力时，人体就会出现持续的不适现象，例如，心血管疾病、失眠、激素水平异常等。如果你感受到的压力长期持续，那么你的身体不适将会影响终生……

心理与身体上的反应包括：

身心疲惫、焦虑、紧张、易怒、无法专注、性欲和食欲改变、噩梦、沮丧、失控、冷漠等。压力也会造成你不断产生负面想法，消极的自我暗示，自信心减低和失去做事情的动力。

事情也可能会远甚于此，过度思考能够完全歪曲你对事物的感知力，让你变得越来越不愿承担风险，习惯悲观面对生活并且难以恢复。当你持续处于压力状态时，由于你总是在关注生活中不如意的事情，这将使你很难以清醒的状态面对当下的生活，你会错过很多快乐、感动、亲情和生活里的小确幸。

这也意味着你在面对问题时，很难用创新思维去解决问题，也很难看到它所蕴含的机遇和价值，抑或是很难用愉悦的心情来体会身边发生的快乐。当你持续处于恐惧和担忧状态中时，每一次全新的人生境遇都不会再有美好，而会变成你所担忧的样子。

更广泛的社会和环境影响包括：

亲密关系的伤害、工作表现差强人意、对待他人没有耐心且易怒、回避社交、陷入成瘾或做出伤害性行为。一个过度思考的人会逐渐地感到人生没有意义，不愿做规划，失去对他人的同理心和对生活的热情。毕竟，对于一个满脑子都是坏事情的人而言，人生很难再有可以让他积极和幽默面对的理由了，不是吗？

正如你可以想象的，身体、精神和环境这三个方面都对你产生过度思考有很大的影响。例如，如果你持续性地过度思考，你的体内将会充满压力皮质醇。这会导致你产生焦虑，让你想得更多，产生更大压力，扭曲你对自身和生活的看法，你就会做出不好的选择（熬夜、暴饮暴食和拒绝与人交往）。这些还会形成一个严重的恶性循环：你的工作表现不尽如人意，做事没有动力……周而复始，产生更多压力。

身心压力是有一个度的，只有在我们经历了压力且不能正确应对时，它才成为一个问题。当我们过度思考时，我们把一些普通的生活压力转化成了负面的难以抵抗的忧虑。你会反反复复思考一些问题，慢慢开始焦虑，慢慢使你的生活和身心都陷入不可挽回的伤害当中。

如果过度思考已经成了你的一个习惯，那么你可能会认为这是你天性使然。但是，这也不是不可改变的，只要你能意识到你确实出现了过度思考。过度思考者具备一个他人所不具有的优点：他们通常是睿智的、有自我意识的并能采取有利于自我的措施——只要他们可以承认自己不再过度思考了。

我们有不同的偏好和承受力，我们也会面对不同的压力，这是无法控制的。但是，我们可以确定的是用何种态度面对生活，用何种姿态继续人生。过度思考不是一个必然，它具有伤害性，如果愿意，我们可以积极选择拒绝。生活中的压力不可避免，但过度思考则大可不必。用耐心去训练我们的大脑，让它为我所用。换个角度看问题，就能抵抗焦虑和压力对我们的侵蚀。

本章要点：

到底何谓过度思考？它是一种无法抑制的情绪状态，面对事情你会过度分析、评价、担忧或反思，并会对你的身体产生伤害。

导致过度思考的两大主要原因，第一个原因是我们自己。不幸的是，有一些人天生会比其他人更加易于焦虑，但基因又似乎不是唯一的诱因。这些人会习惯性过度思考，因为他们把这个看成是在解决问题。但事实是过度思考只会永不停止，问题也不会被解决，可是过度思考者会认为他们的思考有进展。这就是一个难以停止的恶性循环。

第二个导致过度思考的原因是我们所处的环境。这一点又涵盖两个方面：首先，我们要考虑我们所处时间最长的环境，比如，家或者办公室。这些空间的设计方式对我们的焦虑程度有很大影响。如果是杂乱、昏暗和嘈杂的环境，就更容易使人焦虑。其次，与所处的环境进行互动中，我们拥有的更广泛的体验。如种族歧视和性侵害会让受害者产生压力和高度焦虑。

过度思考会产生多种负面结果。包括可能会成为长期问题的身体、心理、甚至社会伤害，例如，心跳加速、眩晕、疲倦感、易怒、焦虑、头痛、肌肉紧张等症状。

第二章
几种减压公式

至此，我们已经弄清楚了什么是过度思考，知道了它是怎样产生的，也明白了它是如何让我们变得不快乐的。我们可以看到，把握自己人生的关键是改变我们的思维模式和对世界的认知。我们需要减压！

但是，无须担忧，你将看到的不是一个关于每月做一次按摩的重要性或给你几个理由让你去冥想的讲座。对于过度思考者，一般的减压方法是远远不够的，你需要这样做：

明确了解自己的思维过程。

主动去应对压力。

专注地学习一些真正的减压技巧。

减少压力的主要目标是能够精准地了解你在过度思考时大脑里发生了什么。也就是触发你过度思考的那些因素和过度思考发生时所产生的影响。当我们能够清晰地看到这个过程时，我们才能够采取有效措施。但是，从哪里开始呢？答案是：意识。

在这一章节，我们将从克服过度思考和进行压力管理的基础知识出发。但是要注意，在每一个案例当中，维持自我意识是最重要的。可是，自我意识到问题并不等同于自我反思。当意识到问题的时候，我们关注内外两方面——不做评判，也不去坚持或抗拒。事实上，一个过度思考者能够发展出来的最好技能之一就是区分意识到问题和焦虑——前者是客观的、舒适的、平静的；后者是带有情绪的，甚至是会失去理智的。对于过度思考者，当只需要他去意识到自己的问题时，他反而容易陷入焦虑。

我们该如何培养自身意识到问题的能力呢？方法有三：第一，经常性审视自己的身体感知、想法和情绪状况；第二，确保我们现有的生活方式和我们所追求的生活方式相一致；第三，进行日常性的专注力练习。

想象一下这个画面：漫长的一天就要结束，你已经筋疲力尽。这一天里，早上的晨会你迟到了，你和一个同事发生口角，还有如山的工作压在你身上，外面的建筑工人一整天发出的噪声让你心神不宁，就在你崩溃的边缘，你的男朋友发来了闪烁其词的信息说你们需要谈谈了。

当你受到的压力不断积压时，你会感到彻底崩溃。这就好比玩一局超快速的俄罗斯方块，你不能直线性思考，你永远需要先人一步去考虑可能出现的困难。面对压力，你常常会感到无计可施（仅仅是想到这点就已经会让人倍感压力了），但是我们也总是可以让自己停下来喘口气，再集中精力解决当下的困难。

焦虑中的你： "怎么会有这么多事情啊！我快不行了！我要尖叫！他们都不尊重我，我不想干了！他发这个信息是什么意思？到底怎么了！"

自我意识中的你： "发生了太多事情！我的心跳加速！我开始恐慌了！我的大脑运转根本停不下来！"

你看到了吗？焦虑中，你表现急躁，对事物的评价极端并失去了自我。而那个有自我意识的你呢，还保持着清醒的认知，面对问题能冷静接受，客观对待，不会消极抵抗。你是否也注意到了，冷静的你，会给自己做选择的空间，而不是在压力中茫然不知所措。

当我们在谈论压力管理时，并不是要做到完全摆脱压力，这是不可能的！你也不应该完全麻痹自己，拒绝面对，假装无事发生；而要尽量不偏不倚、不带评判地面对问题。如果你能做到这些，在面对人生不可避免的压力时，你就能够从容应对了。那么，让我们看看你可以做些什么吧。

4A 减压策略

这个原则就仿佛是你在过度思考这场暴风雨中的一艘诺

亚方舟。你只需要记住这四个策略：避免（Avoid）、改变（Alter）、接受（Accept）、适应（Adapt）。有了这个 4A 减压策略，你就可以从容面对一切人生压力，让生活充满温情了。

第一件你要做的事情就是去**避免**（Avoid）。

这一点听起来很简单，在面对生活中许多的烦恼时，换个方向，离开它们。生活中有许多事情不是我们可以控制的，但我们可以控制的是自身所处的环境，离开那个让你喘不过气的空间和人。我们必须承认，生活中的压力是客观存在的，但你并不需要总是直面它。

找到生活中让你倍感压力的根源，想明白怎样做能让你感觉舒服一点。假设你非常讨厌在周六的上午去人满为患的商场，既然知道这样的环境会让你感到不适，那你完全可以在一个人少一点的时间去购物，比如周二晚上。这样你就避免了去承受拥挤的压力。

用同样的方式，你也可以避免去见一些会给你造成压力的人。当你的父母来你家度假时，你的压力值是否会爆棚？那就为他们安排一个距离你家不远的民宿，或者尽量避免跟父母独处家中又无所事事的情况出现。

当你避免压力时，你并非是在逃避责任或者否认问题的存在。你只是在对那些非必要的有害的压力说"不"。面对那些总是对我们提出各种要求的人或事，我们完全可以拒绝。这些要求可能让你付出精力或者时间。面对那些总是会耗费你的时间的事情，尽管拒绝。

核对你的日程，去掉两三件不重要、不紧急的安排。把一些事情授权他人，你不必亲力亲为。因此，下次面对压力时，问问自己："我能避免这些吗？"如果可以，能免则免。

如果不能，你需要去积极调整，也就是要**改变**（Alter）。

你永远可以选择要求他人改变他们的行为。例如，如果户外的建筑工人制造了很大的噪音，而你又有一个重要的电话，你可以礼貌地要求对方暂停十分钟。直截了当地表达你的需求和感受，不要默默忍受。如果你的一个朋友总是给你讲一些伤害你的烂笑话，你完全可以直接告诉他你的感受并要求他不再这样，否则你只能默默忍受这一切。

我们不可能完全避免生活中的所有压力，但我们可以选择面对它，去和对方协商交谈，用第一人称"我"表达你的需求和主张。如果你只能在周六上午购物，那就在购物期间播放有声读物帮你放松。如果你有一个必须参加的家长会，那就把它和你要做的其他事情合并在一个时间段去做，这样你既可以节省时间、精力，也能省点汽油。你也可以通过控制时长来改变一些不可避免的情况。如果你必须参加一个无聊的派对，那么你可以在一开始就跟大家说清楚："明天一早有工作，我只能待一个小时。"

如果你无法避免一个压力源，那就尽你所能去改变它。

如果你也无法改变它，那就需要下一个策略，**接受**（Accept）它。

如何去接受一个你不喜欢的状况呢？首先，如果你不喜欢它，那么你就不用刻意去喜欢它。接受并不意味着你要违心地改变自己的感受。你只需要告诉自己，"就这样吧"。承认你的感受并认可它们。例如，你的男朋友发信息通知你要分手，你无法改变他的决定，但你可以劝说自己去接受并且打电话给你的朋友倾诉你的心声。

如果你面对的是被冤枉的情况，那么接受应该意味着你能够原谅。请记住，原谅错误是为你自己，而不是他人。当你选择了原谅，你就选择了让自己从无尽的抱怨与憎恨中得以解脱。

接受也意味着我们在面对事物时的巧妙转化，我们无法改变事物本身，但我们可以调整自己的内心想法和语言表达。例如，你可以告诉自己："我做错了，我不开心。但是这一件事不能定义我。我可以吸取教训，继续努力，下次会更好的。"千万不要说："我一事无成还浪费了很多钱。我没有努力，我好愚蠢！"

接受并不意味着我们认同发生的一切，或要对发生的事情照单全收。它只意味着对于无法改变的那一部分，我们可以优雅地接受，然后专注于我们所能改变的。

长期而言，面对压力时，如果我们可以**适应**（Adapt）

它，我们则会做得更好。接受意味着对于我们的世界观、目标、看法和期待进行长远的改变。现在请你想象这样一个完美主义者，因为许多事情都无法达到他的高标准，他开始感到挫败抑郁。最好的办法不是把自己变成一个超人，而是去合理地降低预期，让其与现实和谐共存。

适应压力意味着我们让自己与生活相处更加融洽。你也可能会自觉克服消极想法，努力提醒自己做一个乐观的人。但当我们改变视角时，我们会看到不同的结果。这是一个危机还是一个机遇？当你对自己说"我是一个适应力强的人"而不是"生活如此不公，一切都会变得糟糕"时，你遇到的人生障碍在你眼里也就是机遇而非危机了。

我们适应压力的过程就是让自己变得更加强大的过程。我们会形成赋予自己力量的世界观。例如，有些人可能习惯于列出感恩清单，铭记生活中发生的美好；还有一些人会审视自我，每天默念自己很强大，可以克服各种逆境。如果我们能够拥有强大的人生信念和人生态度，在面对压力时，我们就会自信于自己的能力，并且可能因此成为一个更好的人！

这就是4A减压策略。当你感到压力时，停下来，依据这四个策略逐一实践，那么无论你面对怎样的压力，你总能够用心地积极面对，找到一个出路。面对压力，你并不是无能为力，你有战胜它们的法宝。发挥你的主观能动性，这四个法宝便会成为你的利器。

例如，有一个总是带给你压力的同事，你不要总觉得自己无能为力，只能任由事情发展。解决办法非常简单：离他远一点。你可以错开吃午餐的时间来避免见面；你可以把你的办公区域搬得离他远一点。但是，假设你不能避免在每周例会上遇到他，而会上他会经常打断你剽窃你的创意，你又该如何呢？

你要想办法去改变现状。你能不参加这些会议吗？你能私下跟你的同事聊一聊你的不快吗？例如对他说："最近开会总是让我感到不舒服，当你打断我时让我感到自己不被尊重。"你能在开会的发言中说你要明确一个界限吗？如果这些都不可能，你还可以在一定程度上去接受这个事实。你可以向你的好朋友倾诉你的遭遇；你也许还会发现这个同事打断的不只是你，这样，你就不会感到压力了。

最后，你可以通过改变自己去适应它，让自己成为一个更加自信和果敢的人。当你真的觉得自己和其他人一样有同样的权利说话时，你可能会更自信地说"抱歉，我还在讲话"，然后镇定地继续你的发言。

减压日记

另外一个能够让你更清楚地感知自己每天承受压力的具体方法就是把它们写出来。在过度思考中，你总是感到自己有数不清的事情压着你无法喘息，并且还很难断定你焦虑背后的真正原因。写一篇日记，从中去慢慢发掘造成你焦虑的原因和你的应对方式。这样，你会从中得到一些管理压力的有效方法。

所谓减压日记，就是把自己感受到的压力用文字记录下来，这些信息有助于你日后调整压力带来的感受，帮助你找到一些对策。生活中的我们都需要适度的压力，因此，这样的日记可以帮助我们找到自己的合理承受范围。

这个办法实施起来很简单，每一篇日记，都要记录日期、具体时间和你当下的感受。最常用的办法包括以下三个步骤：首先，给你承受的压力打分，分值为 1~10 分（1 分代表无压力，10 分代表压力最大）。你也可以使用文字描述或者记录身体出现的症状（诸如掌心出汗）。同时，你也要用分值法记录你的感受程度。其次，记录近期发生的让你感受到压力的事情和让你处于这种状态的可能诱因。最后，记录你的应对方法和整体结果。例如：

2 月 4 日　09：15

收到家人发来一条令人担忧的信息：爸爸的肩部需要做手术。感受分值：4/10，有些不安和疲倦。胃部有奇怪的痉挛感。情绪影响到了工作，效率分值 1/10。我认为自己这样的反应是因为担心他出事。我在避免回复这条信息，但这也许就是让我更加焦虑的原因。

每次你感到情绪变化或者明显感到压力时就写一篇日记。坚持记录几天或者一周，然后坐下来分析一下，找出头绪：

1. 让你有压力的常见原因是什么？（在你的情绪出现骤然波动之前会有什么事情发生？）

2. 这些事情如何影响你的工作和生活？

3. 通常你在情绪上和行动上是如何应对的？这些方法有用吗？

4. 你能确定出一个压力阈值，在这个程度之下你会感到舒适并且促进你的工作效率吗？

你这样分析自己的减压日记之后，可以用真实可靠的数据来帮助自己做出真正的改变。你也许还会吃惊于自己的一些发现——在你写下它们的那一刻，你就有了一些清晰的头绪。

你在分析的时候，要避免过度解读。记住，减压日记的目标不是给自己挑毛病，然后让自己沮丧。换言之，记录应客观，不带有主观评价；力求充满同理心并保持宽容。通常，过度思考者都很聪明，因此他们也很擅长把明显的问题隐藏起来。

你无须一直写这样的减压日记。事实上，在写上几周之后，就会习惯成自然。当压力来临时，你会更加自觉地意识到它。一天，你被困于交通堵塞。你注意到，每次遇到堵车时，你都会产生同样的一连串的想法。这个事情反复发生几次之后，你就会在遇到下次堵车之前自我觉醒。那扇自我意识之窗一旦被打开，你就有了破解之道：你还想重复过度思考的过程吗？尤其是你已经知道它的后果时。

一旦可以确定造成你生活中压力的原因时，你就可以运用类似于4A减压策略去采取行动，重新规划你的生活来解决压力。如果你察觉所有的压力来自于某一个人，那你就在你们的关系中划一道明确的界限；如果你注意到应对愤怒的方法会让事情变得更糟，你就要注意控制愤怒；如果你的工作持续让你感到了压力，你可以判断一下它到底有多糟糕，然后采取相应的短期（去度假）或长期措施（考虑换个工作）。

以上讲的减压方式并不是唯一有用的，你也可以写传统意义上的日记，泛泛地记录自己的感受，偶尔记录或每天记录均可。将事情记录下来本身就是一个很好的减压方法，它更有助于你整理思路，找出问题并将其有效解决。你的日记就是你的一位业余治疗师。

依据你的爱好，根据实际情况来记录日记。如果你很低落，你感觉焦虑已经影响到了生活的方方面面，那你就尝试一下写感恩日记。你只需要每天列举五个让你感恩的人或五件事，哪怕只是早晨的一杯咖啡或者一双你喜爱的新袜子。这样一来，你就会在不知不觉中将注意力转移到生活的其他方面和可能性上了。

如果你正在经历一些生活中的痛苦或一段艰难的日子，那你就把写日记当作一种情感释放，把所有的情绪"丢弃"在纸面上。久而久之，你就会得到一些自我认知，从中找到前进的方法。

如果你感到压力正在持续增加，那么建议你尝试写子弹日记。通过这种方式，你用简洁明了的文字或图标来记录自己的每日目标、最重要的事情和其他备忘。简洁的记录可以让你更加有条理地生活。一些人倾向于用有艺术性的图标元素来记录子弹日记，他们用不同颜色的图标和图片表达自己，收集灵感和激发正能量。还有一些人使用预先记录日记的方式，写一些提示性话语用来提醒。

可是，日记并非适用于每一个人。如果它只是增强你的完美主义，或者让你纠结于选择合适的技巧，那就忘掉这个方法吧。日记只是一个帮助你走近自己情感的方式——如果你只是专注于记录而非你的感受，那就需要尝试其他的方法了。努力让你的每一篇日记都体现出积极和真实——默念一些鼓励自己的话语、把积极变得可视化或者想一些其他可能性和解决办法。如果你不能确定能给自己一个积极的空间，记日记就只会加剧你的不快乐和过度思考。

5-4-3-2-1 法则

若将减压日记法和 4A 减压策略搭配使用，尤其是经常使用，会有更好的效果。但有时，你需要一种能够立即缓解压力的技巧。尽管上述两个技巧在培养和利用自我意识方面效果极佳，但是在"你首先关注的是问题而非自我"的情况下就不会有很好的效果了。如果你曾经被困在"焦虑死循环"中，你就会知道想把自己解脱出来几乎是不可能的。

以下技巧通常适用于经历过恐惧的人群。它是一个行之有效的办法来阻止你陷入焦虑死循环，与此同时你也可以避免患上恐慌症。过度思考跟这样的恐慌症有着相同的形成机制，可以用相同的办法解决。

这个理念很简单：当我们过度思考或感到极度压力时，会出现精神恍惚。我们会反复思忖过往，设想各种可能会发生的事情。我们想很多结果，各种回忆、想法、可能性、愿望和恐惧让我们的思绪精疲力竭。如果可以把自己的意识拉回到当下，我们就可以停止过度思考。怎样做到这一点呢？请审视自己的五种感受。换言之，思维是飘忽不定的，但身体和它的感受是只能存在于当下的。在陷入恐惧的时候，即使现实中的你身处安全之地，周边毫无威胁，你也依然会被你的思维所控制。然而，我们也可以想象自己置身于一个充满阳光的静谧花园，只是即将死去而已。你看，这就是思维的力量。

下次你再感受到难以抑制的焦虑和恐惧时，尝试一下：停下来，深呼吸，看看你的周围。

第一，选择五个你可以看到的物体。你可以把目光落在角落的灯上、自己的手上或一幅壁画上。花些时间仔细看看它们的质地、颜色和形状。看在眼里，记在心上。

第二，选择四个你可以触摸到的物体。感受坐在椅子上的身体的重量，或是你穿的夹克的质地，或是伸出手去，让指尖感受车窗玻璃的冰凉与光滑。

第三，感受三种你听到的声音。你自己的呼吸，远处汽车的声音或是鸟鸣。

第四，感受两种你闻到的气味。听起来可能有些滑稽，但你要知道，万物皆有气味。你能嗅到你皮肤上的肥皂香味或是你桌子上纸张带的微弱的灰尘味道吗？

第五，找一样你可以品尝的东西。这可能是在你唇齿间久久未散的咖啡的味道。即使你找不到任何可以品尝的东西，那就去感受一下你的味蕾，那是没有任何味道还是只有味蕾本身的"味道"？稍候片刻，去探索那种感受。

这个练习的关键在于表层的注意力分散。尽管人的感官是活跃的，但你的大脑被其他东西所占据，那么过度思考就会被阻断。你在大脑里放置了"干扰"，它就无暇思考了。

经常进行此项练习，你会发现它可以很快让你平静下来。

在那一刻，你也许会不记得接下来哪个感官该工作了，但这并不重要。重要的是你全身心投入到自己之外的事物上，进而焦虑就烟消云散了。想要通过告诉自己"我应该停止思考了"来真的停止思考是很难的，很显然这是因为它本身就是一个思考。但是如果你可以让你的大脑暂停一下，转移到你的感官感受，你就会专注于当下，从焦虑当中解脱出来，获得内心的安宁。

道理是这样的：你的意识控制你一次只能做一件事，要么去思考，要么通过感官专注于当下，非此即彼。如果你可以用自己的感官把自己的意识留在当下，那你的大脑想要胡思乱想都很难了。

叙事疗法与压力外化

我们认同的最后一个技巧是叙事疗法。它认为人们的生活就像是故事或记叙文。人本身就是情节编织机。我们通过讲述我们是谁，生活里的事情意味着什么，来赋予人生意义。通过叙事疗法，我们可以重新编织这些人生故事，从中找到疗愈的方法，甚至是人生的幸福！

我们已经讨论过，克服焦虑的主要方法就是关注我们的思维方式并有意识地决定我们想要如何经营自己的人生。自己作为人生的讲述者，我们对它负责，为它规划并赋予它新的意义。叙事疗法的核心原则是人与他们的问题是各自独立的，这一理念跟一个当下流行的叫作"外化法"的方法相得益彰。

通过外化法，问题被摆在那里。有问题，并不是你的错。无需对自己做出负面评价或责备自己。然而，我们确实可以改变对自己的看法和生活，让它更有意义。因此，当谈及过度思考时，重要的一步是告诉自己"过度思考没什么大不了，我能解决它"，而不是说"我总是过度思考，这太糟糕了，我得想办法改变我自己"。第二个重点是要意识到自己是可控的，你是自己人生经历的作者——其他人无权责备，同样的，他们也无法拯救你或告诉你该怎么做，你的人生你主宰。

我们的思维模式有点像一个模型、一个过滤器或是一个三维图片。如果生活是一部电影，那主题会是什么呢？你会扮演什么角色？你的人生故事又会如何呢？我们对生活的理解和规划会影响我们的经历，但我们也有能力去为自己做出改变。例如，过度思考者面对生活总觉得无能为力，但如果他们改变自己的人生故事，把自己当作是有能力负责的人，又会如何呢？

让我们再来看看外化法吧。你和你的问题是两码事，你也不等于你的失败。如果你可以把自己和生活中遇到的挑战区分开来，你就拥有了客观判断力，并能够重新自我定位和自我认可，摆脱当下的处境。就像一片云并不是整个天空一样，我们的问题也不是我们自己——一切终将过去，我们能够控制自己的应对方式。

如果你感到崩溃，请对自己默念"我和我的问题是两码事"。改变你的措辞，请说"我正在经历焦虑"或者"我注意到自己有些焦虑"而不是"我是个焦虑症患者"。有很多方式可以让我们和我们的问题分离开来：

运用以上的减压日记法。将焦虑抛之于脑外写于纸上，烧掉它或者揉成团扔掉。从空间上来说，你把问题和你分离开来，有利于你采取应对措施。

将问题具象化。把你所有的过度思考想象成你体内的一团气，把它吹成一个大气球，接着它随风飘走，越来越远、越来越小，享受那种随它去的感觉。偶尔放下烦恼，距离产生美。另外，你也可以设想睡前把烦恼封存在一个保险箱里。你对自己说："我可以随时打开箱子，但现在，我要去睡觉了。"

你也可以创造性地外化问题：文字表达、涂鸦、绘画抑或是把你的问题唱出来、跳出来，让它们真正离开你。有些人也会给他们内心偏执的声音起个名字并对自己说："哦，是的，这不是我，又是无聊的弗雷德！好吧，你好，弗雷德！"

叙事疗法中另一个常用的技巧是拆析法。当你过度思考时，你的感官会被击垮。当你的头脑中出现万千思绪时，它们都在以一千英里的时速盘旋，你根本无法理出头绪。然而，你要注意一个关键：思绪通过叙述成为一段故事，故事情节的发生是顺序性的，一个接一个的。如果你感到自己陷入某种沉思，就把这段故事拆分开来。这样一来，一个恐怖的大问题就被拆解成了若干个容易解决的小问题。

把思绪叙述成一段故事，它可以让你在不知如何安放自己的注意力时，提醒你，你完全可以慢慢地、一步一步解决问题。你没有三头六臂，不能一次性解决所有问题，经常这样做，只会让你感到挫败。但是，通过叙事疗法，你不需要立即弄清所有问题，只需逐一面对和解决它们。下面是几个有助于你拆解生活中问题的方法：

如果你面临许多糟糕的事情，那么强迫自己暂停一下，告诉自己专注于当下最重要的那一件事。如果你在为明天、明年或者不知何时可能会发生的灾难而担忧，请你将它们统统放置一边，你只需要知道今天会怎样或者当下什么最重要，接下来一步你该做什么就好。不要想接下来的二十步都该怎样，着眼当下就够了。

如果你发觉自己总是回忆过往的痛苦，那就花点时间，把它们写下来摆在自己眼前。把那一件件痛苦的事情按不同阶段拆分开，找出它们各自的主题、特点和让它们彼此产生联系的那条主线，然后弄清楚当下和这些过往又有何种联系，最后自己想出解决办法。例如，如果你总是为过去做过的错事而哭泣，那么你可以叙述这样一个故事，故事中的你曾是一个犯错的白痴，但也是一个不断学习、不断进步的年轻人，你变得越来越好。这样，你就明白了那些曾经的错误是你不断成熟的见证，你看到的是一幅关于成长与进步的美好画面。比起你在五年级对自己做出的令人难受的评价，这样感受岂不是更好些吗？

焦虑和过度思考会分散我们的注意力，制造混乱。然而，当我们拆解开这些凌乱的思绪后，你会发现它们大多都只是些干扰信息，我们根本无须为它们耗费精力。也许你会担心你的健康、工作、死亡或是昂贵的医疗费用等。拆解这些忧虑意味着你要弄明白它们到底有什么不同，要能够分辨出哪些忧虑只是在分散你的注意力，让你不能专注于那些真正有意义的思考并做出改变。

本章要点：

现在我们弄清楚了何为过度思考，我们就需要知道如何战胜它们。这里有许多易于操作、行之有效的方法来帮助你缓解焦虑，保持镇定。

你需要记住的第一个办法是 4A 减压策略。它们是避免（Avoid）、改变（Alter）、接受（Accept）和适应（Adapt）。

避免事情之间牵扯不清，远离超出你控制能力的事情。有些事情就是不值得你耗费精力，敬而远之是上策。但如果我们避之不及，那就学着去改变现有环境来缓解压力。如果你无力改变，那就只能接受，进而适应，学着与压力和谐相处，将压力对你造成的影响降至最低。

第二个方法是减压日记。当我们开始过度思考时，头脑中会盘旋着万千思绪，你会感到一片混乱。但是，当你尽量有条理地将它们用文字表达出来后，你就可以抽离出来去分析和评估这些思绪是否值得你付出精力。为了养成这个习惯，你可以随身携带一个笔记本，以备不时之需。

第三个方法我们称之为 5-4-3-2-1 法则。这个方法通过调动你的五个感官发挥作用，对于减少你的恐惧心理十分有效。所以，当你感到恐惧袭来时，选择 5 种你看到的物体，4 种你能触摸的物体，3 种你能听到的声音，2 种你可以闻到的气味和 1 种你能品尝到的味道。调动这些感官发挥作用，分散你的注意力，从而避免过度思考。

第三章
管理你的时间和精力

　　苏西今天有很多事要做。她看着日程表有些茫然，不知该怎样安排。同事看出了她的焦虑，给她建议：为什么不在午后休息时冥想放松呢？冥想有利于缓解压力，不是吗？但是，冥想了五分钟之后，苏西忽然一惊，意识到留给她的时间更少了。她无法专注于冥想，满脑子都是 2：30 的那个预约……

　　大家所推崇的传统的解压技巧并不适用于不善于进行时间管理的人。苏西可以通过以下的调整来改善自己的问题：用魔法把她的一天增加几个小时或者制订一个合理的日程表。尽管冥想、拉伸这样的活动可以帮助我们缓解当前面临的压力，但如果可以通过预先优化时间安排来最大程度减少我们可能会面对的压力，岂不是更有意义？本章将提供一些非常棒的优化时间安排和精力投入的技巧。

101 压力管理法则

对于大多数人而言，好的压力管理就是科学的时间管理。如果你发现自己被事情的最后期限弄得焦头烂额，那就不要只是在承受压力后想办法放松，而是要掌握更多的时间管理策略，保证你会受益良多。时间管理通常归结为一个基本技能：确定哪些事情要优先处理并以此为依据制定目标。诚然，这还是要归结到思维模式上。

奇怪的是，生活中有很多人都习惯于压力优先。我们把大部分时间都花在了那些让我们情绪糟糕、焦虑的事情上，最后做的才是那些可以让我们放松舒适的事情。上一次你优先让自己放松休息是什么时候？如果你也是这大部分人中的一员，总是把大块的时间交给辛苦工作，剩下可怜的一点碎片时间交给了自己，那么你也会是另一个"苏西"，努力挤时间上了一堂冥想课后还是闷闷不乐。因为于你而言，这堂课只是你日程表上的一个待办事项。

现在来做一个思维切换：请你把休闲放松看作是重要且有价值的，它不是你在忙完一整天后附加的无所谓的事情。做到这一点的办法就是你要积极给自己安排一些放松娱乐的活动或者什么都不做的时间。积极的态度是人生最宝贵的资源——为什么不去好好呵护它，让自己保持这些乐观积极呢？

　　过度思考者的一部分问题是因为责任心太重。他们会不自觉地把自己的幸福快乐放在最后，因为他们认为那些严肃的工作必须是第一位的。只有把一切工作安排妥当之后，他们才可以适当放松（甚至都不放松）。

　　压力管理不仅仅是指消除掉生活中不必要的压力来源，它更是要引导我们去积极营造一个轻松的空间，让我们可以释放压力，精神焕发。新的一天可以用轻松愉悦的活动开启，并非只能是沉重的工作。养成一个习惯，工作一小时之后，给自己十分钟时间来品尝一杯花茶、做做拉伸、散散步。要对每一天充满期待，跟你关心的人和关心你的人时常联系。花点时间笑一会儿，玩一会儿，开一个小玩笑，做一些仅仅因为它能让你开心的事情。

　　你知道你需要做出改变以减少压力和保持身体健康：保证睡眠质量、减少摄入咖啡因、坚持运动、合理饮食等。但是你的人际交往和精神健康也同等重要，如果你不花时间去维持这些，它们也不会有所改变。

　　还记得苏西吧，她日复一日地坐在那里写工作安排，然后逐一处理那些要务。关于锻炼、会友、陪伴家人和培养自己的爱好，她似乎永远没有时间去做。但是，她本可以把陪伴家人、锻炼身体和培养爱好放在首位的。如果她每天都没有时间做这些，那么这份工作也许并不适合她。

时间管理不是让你不负责任地面对日常工作，它是要教会你对整个生活做出规划，合理设计，这样你就可以把你的精力放在最重要的事情上。它不是要让你尽可能地把更多的工作安排在一天完成，而是要告诉你寻求一个平衡。它要让你明白，生活中，你对事情的安排原则和精力投放体现了你的价值观。

让我们更加坦诚一点，生活中时常会有突发事情需要你花时间和精力处理，但是人生的方向是由我们自己掌控的。我们可以把时间和精力放在我们认为有意义的事情上。以下是具体的操作方法：

1. 依据你自己的价值观和优先原则，找出三件最重要的事情。

2. 用一周的时间观察并记录你的时间分配方式。

3. 分析数据：让你花费最多和最少时间的事情分别是什么？最后，总结你的时间分配是否反映了你的价值观排序。例如，如果你最在乎家人、事业和健康，那么你却花了 90% 的时间用于工作，这个合理吗？

4. 以你的价值观排序为依据，优化你的日程，使其反映你的优先原则。

5. 反复观察自己的做法，是否有所改变，是否需要进一步调整。

脱离你的目标和优先原则来谈时间管理是毫无意义的。

科学的时间管理完全取决于你在乎的结果和你认为的重点。依据你心中的价值观排序，你才能判定孰重孰轻（哪些活动或工作优先）。

新的一天开始时，列出待办事项清单，将其排序：**紧急的，重要的和不重要的**。紧急的事情优先在今天做完，拖延则意味着你要承担压力。重要的事情不那么紧急却影响久远，这些事情没有做就意味着会造成麻烦，就好像是扔垃圾这件事。

不重要的事情可以延后。事情的轻重缓急是由你自己决定的，但是一定要将它们归类清晰。限制紧急和重要事件的数量是一个行之有效的办法。也就是说，你一旦确定三件重要的事情就不要改变。这样处理之后的事情时你就可以放松些了。

这里有很多帮助你详细管理时间分配的技巧、方法和建议，也有许多智能应用软件帮助你精简办事流程。但是如果你可以遵循以上基本原则，你就可以更加自主地支配自己的时间。良好的时间管理习惯反映你独特的生活方式和人生目标，请记住以下几点：

写出详细的安排——利用备忘录、日历、日程表等具体的方式去记录你的日常目标并追踪进度。

千里之行始于足下，设置一个个小目标，最终实现大目标。

重视过程而非结果，做好每一天，结果自然会好。不要太功利或要求太高。

敢于拒绝不重要的事情，授他人去做或者与不重要的事情划清界限，以此表明你的底线是无可厚非的。

时常根据目标比照自己的行为。你是在接近它还是在背道而驰？明确后你要有针对性地调整行为方式。

这样看起来，时间管理是不是很简单？不错，它并不难，但也不总是那么容易。有时我们心里明白，但做事时又回到了老路子上。如果我们提前看清了障碍，我们就可以将其及时解决。为什么时间管理法则并不是适用于所有人呢？这是因为每个人都不同，我们面临的困难也不尽相同。

时间管理不仅是技巧，每个人都应该有适合自己的时间管理风格。你如何进行时间管理（或不管理时间）取决于自己独特的生活经历和性格特点。

例如，**时间牺牲者**，任何人对他提出要求，他都来者不拒，承担了过多的责任与义务。为此，他也很苦恼。再比如，你在同一天里答应了和三个朋友分别见面，尽管你知道这样会使你在路上狂奔。最后，你精疲力竭了还要担忧这些：我忘了跟朋友说再见了，会不会显得不礼貌了呢？我是不是太唐突了，她会生我的气吗？

如果你也是这样，你可能会为自己的忙碌而感到自豪，但你并没有把真正重要的事情解决掉。对你而言，真正合适的时间管理法则应该是能让你停止忙东忙西的方法，例如一个安排周密的日程或严格限制一日只能完成三件要事。

拖延者会面临诸多挑战：拖延一切，直到无可挽回。尽管有一些压力是件好事，但对于拖延症患者，这只会让他们变得更糟。你也许认为拖延症和过度思考没什么关系。但你设想一下，明知该做却拖延没有去做，这不也是压力产生的原因吗？

如果你习惯性拖延，把事情分解成诸多小目标可能会适合于你，每一个小小的成就都会让你倍感欣慰。

注意力分散者也有相关问题：他们在做事情的时候经常被其他事情所干扰，让他们无法专注。注意力分散和过度思考会相互作用，结果变得更糟糕。对于这样的人，最好是建立一个清晰的边界并对他们所处的工作环境重新布局。例如，你可以彻底清理自己的办公室，并设置一个清晰的边界，以便工作时不被打扰。这将会减少意外出现的事情对你造成的干扰，从而避免让你感到压力和过度思考。

对事情预估不足者经常错误地认为自己完成任务需要更少的时间。因为他们过于乐观，所以总是容易错过截止日期。在这里，时间管理可以归结为预留出充足的时间来逐步完成任务，更加现实地评估事情的进展。这是一个相对容易解决的问题，但如果没有解决，后果会很严重。

救火者总是处在一个亢奋的状态。当事情变得危急时，他们会四处"灭火"，力挽狂澜。为了防止事情陷入僵局，他们会高效分配任务，用最快的速度准确判断哪些事情重要，哪些事情紧急。

一个人如果总是在匆忙解决问题，这说明他在事发之初没有正确抉择，任其发展到了难以控制的地步。想象这样一个人，他在被问题 A 折腾得焦头烂额之时，全然忽略了问题 B，麻烦由此产生。当他转而去应付问题 B 时，问题 A 还未解决……恶性循环。

完美主义者类似于拖延者，也会有很多未做之事。只是他们不做的原因是现状无法满足他们内心对结果的完美预设。但事实往往是完美主义者在隐藏他们对完成工作的恐惧或者是对于越来越糟的结果难以接受。这样的人可能花费很久想了一个完美的生日礼物，结果发现购买时间已经来不及了。设置边界、务实计划和授权他人都是有效的办法。

不论你是否符合以上一个或多个情况，抑或以上情况都不是，了解你目前的行为方式，都有利于你采取措施提升自己。关注以上几种类型，明确自己在时间管理中存在的问题是很重要的。毕竟只有将其运用在日常生活中时，时间管理法则才有可能发挥作用。

时间和精力管理方法

让我们更加认真地分析这些策略，它们有助于你克服自己独特的时间管理方式中的局限。记住自己时间管理的方式和风格，尝试以下方法。

艾伦的"输入物"处理技巧

这个技巧适用于拖延者、救火者和注意力分散者，但对于处在信息过载世界里的人也同样适用。在谈及这个技巧时，信息被概括为"输入物"，即任何来自外界的刺激物：会议、电子邮件、电话、社交媒体、电视、其他人等。你怎样去应对这些能够带走你注意力的外界诱惑呢？该技巧认为你只有提前计划好应对方法，效果才会达到最佳。

制订好计划，当每一个新的"输入物"出现时，你就无须浪费宝贵的时间和精力去仔细应对它了。你能快速做出决定然后转而处理重要的事情。首先，观察你生活的周边，找出那些基本的"输入物"。它们是什么并不重要，但却会吸引你的注意力。接下来最大的问题是：你该如何回应，你会因为这些"输入物"而采取回应吗？

你需要明确是否必须对这个"输入物"做出反应。如果没必要，那你可以稍后处理或直接忽略掉它即可；如果有必要，那就回应。听起来很容易吧？问题是这些"输入物"不断堆积会给你造成压力。例如，你收到了一封信，拆开后你把它放到了一边。过了一会儿，你再次拿起信读了一会儿便又放到了书桌的一边。在你最后处理这封信之前你这样反复了四五次，每次你都会消耗一些精力。其实，最好的处理办法是拿到信后立即进行决定，如果是一封垃圾信件，那就扔掉。这样，你的办公室和大脑都很清净。

如果你必须对某件事做出回应，问问自己，是否需要立刻回应。如若紧急，则立即处理；如果可以暂缓，那就立即列入待办事项依次解决或制订一个备忘录。如果你只是把它放置一边，结果就是它会时刻出现在你的大脑里。要详细列出何时要做何事，哪怕是授权，也要明确记录。然后，你就可以忘掉它了。手机备忘 APP 或者是日历都可以帮到你，但关键是你要持之以恒。

核心理念是如果你做到精简流程，你的注意力和精力就会被释放一部分——这样你做事会更加冷静和有条理。你也不会过度思考、力不从心，因为需要你思考的事情被精简了。

你需要持之以恒。你要从宏观上把握全局，不要让事情堆积。抓住任何一件需要你关注的事情，尽早决定你该如何应对：你朋友发给你的链接是当下必须要去点击的吗？银行发给你的邮件重要吗？你的牛奶快喝完了，你怎样能最快解决这个问题呢?

忙碌的人有时会被自己困住:他们过于忙乱以至于推迟了重要的任务,而正因为没有及时解决,这些任务成了关键任务。这给他们造成了巨大的压力,远比他们刚拿到这个任务时压力大。

艾森豪威尔的方法

把以上所述方法付诸实践,你会掌握良好的时间管理技能。善于管理时间的你懂得如何科学安排处理事情的顺序并由此制定目标、安排行事步骤。以下的方法则更加适用于救火者、完美主义者和时间牺牲者。因为这个方法会在你没有充足的时间和资源解决问题时强制你有效应对它们。

大部分的过度思考都会导致一个人在极其有限的时间和资源范围内处理太多的事情。这样会造成压力,压力又加剧过度思考。如果我们无法避免此类事件,那就想办法改变它或者适应它。不幸的是,总是有很多人需要在很少的时间内去做很多事情。美国前总统艾森豪威尔的"紧急—重要"原则可能会对你有帮助,让你区分重要和无足轻重的事情。

重要事情的结果会让我们更加接近于最终目标。

紧急事情需要我们马上处理,否则就会产生问题。

救火者经常不会区分重要和紧急,他们认为每一项任务都很紧急。你可以将这一天或这一周所要完成的任务罗列出来，然后将它们按照以下四个标准进行分类：

重要且紧急

重要不紧急

紧急不重要

既不重要也不紧急

对于重要且紧急的事情：马上做。这是最优先的待办事项。诚然，生活中总有突发事件，但如果你总是被它们打乱计划，那就应该重新评估，重新计划了。

对于重要不紧急的事情：确定解决时间。它们往往都是一些对于长远目标非常重要但并不急于当下解决的事情。诸如日常锻炼、规划预算和维持关系这样的事情，你都应该认真对待，但至于何时去做，则可灵活掌握。你最不想看到的是这些事情也变得很紧急了——所以，提前做好规划。尽量将这些事情安排在一个固定时间，这样你就无须费脑子去记住了。例如，晨起跑步、周日傍晚做预算、每周打一次电话给妈妈。

对于紧急不重要的事情：授权他人。这些事情会给你造成压力，但对于你的最终目标和生活并无大益。你可以将其重新规划或授权他人，以便你可以抽身去做真正有意义的事情。树立界限感，拒绝无效投入。

对于既不重要也不紧急的事情：删除！你完全没有必要花费时间和精力在此类事情之上。直接忽略或尽快解决，还要确保以后这类事情能免则免。漫无目的的上网、垃圾电视节目、游戏和不知所谓的社交平台都可归于此类。

使用这个方法并不能让你免于快速应对、承担责任或推迟一项任务以完成另一项任务。但它确实可以让你更加从容、有条理地处理事情，进而减少焦虑。请记住，你越是能够主动掌控全局，你就越不会过度焦虑。你会自信地说："你不值得我耗费精力，你既不紧急也不重要，我还要关注其他事情呢。"

你可以使用这个方法对你的整体规划或短期日常安排做个评估。你需要问自己以下问题：

此处确有必要完善吗？完全忽略此事算是上策吗？

这件事情对我的最终目标有帮助吗？它是否符合我的价值观，是我心之所愿吗？

即使我需要现在立刻处理此事，我需要完全处理吗？哪一部分才是重中之重呢？

SMART 目标法

你应该已经有点熟悉一个好目标的标准了——具体的、有明确时间节点的目标，我们称之为 SMART 目标。如果某个人不确定自己的方向和价值观，即便他没有过大的压力，也会迷茫焦虑。而那些明确自己所想的人，即使面对巨大挑战和障碍，也依旧可以勇毅前行。

众所周知，有了目标就可以清晰明确地努力而不被杂事所干扰。但是，明确自己的标准并不意味着你就善于制定目标。你需要设置一个切合实际的目标。SMART 目标法能够为你指明前进道路上你身处何方要到哪去。它包含以下五个原则：

具体化（Specific）。顾名思义就是不能太宽泛。尽可能明确你要怎样做，而不只是做什么。

可测量（Measurable）。一个好的目标是可测量的，不能是模糊不定的。问自己一个问题：我怎样可以知道目标达成了？

可达成（Attainable）。这是指目标的设置要结合自身状况。好的目标可以激发我们不断向前，但一定要符合现实。

相关性（Relevant）。这个目标和你的价值观一致吗？各个阶段的小目标存在是否合理，是否服务于最终目标呢？

时间点（Time-bound）。要为目标达成设立一个截止日期或者规划时间节点。把目标设定在"某天"是永无实现之日的。

这就是一个糟糕目标的例子："我想变得更健康"。

接下来，还是同样的目标，但其表达符合 SMART 目标五原则：每天，我想吃至少五种蔬菜和水果（每份 80 克左右）。我会努力保持这样相对健康的饮食，在这个月接下来的日子中每天坚持。

　　我们来看一下这个目标的设置：具体化（每天五种蔬菜和水果）、可测量（每份 80 克左右）、可达成（比较现实）、相关性（对于设置更长远的健康饮食目标是有意义的）、时间点（既有短期的每日目标也有长期规划的月度目标）。

　　现在你明白了吗？一个 SMART 目标不会加大你实现目标的难度，而是会有利于你看清自己的目标从而使用更有效的方法实现它。它帮助你细致思考该做什么和怎样去做。有很多人在对目标细节知之甚少的时候就急于去付诸行动，结果只会令人失望。而在一个 SMART 目标的指引下，你能够做出符合逻辑的详细计划并依照计划扎扎实实地走出每一步，直至目标达成。

　　把目标写出来这样的事情看起来似乎有些做作，但不要在乎别人的看法，你尝试一下就会吃惊于只是在脑子里产生一个愿望是多么没有意义。将目标设置得详细科学会让你更加专注并有决心去为之努力。

看板管理法

　　大部分这些方法都有一个共同点：你脑子里的多余信息越少（你的思维越有条理和高效），你就越不可能担忧和过度思考。

　　看板管理是对一种工作流程进行优化的视觉管理制度。这个制度当中的很多原则对个人工作效率的提高是非常有用的。这个制度旨在监控整个工作流程，杜绝管理漏洞。

这套起源于日本的看板管理方法产生于工作车间，以最大化生产效率为目的。将其运用于个人生活当中，看板管理可以帮助我们了解事情的实时进展并及时发现问题解决问题。但请你注意，看板管理不能帮助你设置目标体系，它的功能是帮助你不断优化做事的过程。

你需要记住以下四个基本原则：

1. 从你正在做的事情上开始。

2. 做持续渐进的改变以求更好效果。

3. 尊重现行规则条款（至少在最初阶段）。

4. 具备振奋人心的领导力。

对于个人而言（而不是丰田工厂），我们最感兴趣的是第二条原则：做持续渐进的改变以求更好效果。这个原则的核心是积少成多，而不是一口吃成个胖子。在看板管理法中，有五大核心措施来提升作业现场工作效率，它们分别是：

1. 工作流程可视化。不论是你的工作还是一些其他的事情（写小说、锻炼），都请把它们写在一块板上，看着它，一步一步去做。你可以使用不同颜色、符号和表格去区分事情的进展程度。记住，你在那块板上记录得越详细，你当下的担忧就会越少。

2. 避免同时段多任务状况。这一点对救火者和时间牺牲者十分友好。一次一件事，专注地做完。这样你就会有条理更轻松，也能够防止你总是想接下来要做什么。

3. 管理工作流程。关注一下在处理多个事情时，你的注意力、时间和精力的分配方式。你的时间是否浪费在了通勤的路上和等待之中？你是否总是一件事还没做完就去应付另一件事，在来回中耗费了精力？找到这些导致浪费时间的原因然后做出改变。这就好比你开车出去一趟去办了两件事情一样，省油省时。

4. 建立反馈回路。在商界，这被称之为"频繁试错，快速迭代"。但其真正含义是你在做事过程中要时常对做的事情进行审视、调整，关注事情进展和你的付出是否相互促进（这个你可以通过设置 SMART 目标的五原则来衡量）。坚持做事过程中的审视并及时反馈，会达到事半功倍的效果。

5. 合作改善，实验演进。这个概念对于真实生活实用度不高，但在一个非商业化情境当中，我们可以将其运用于一切事情。通过反复实验，建立假说，测试验证，改进认知。

尽管在大家看来，这些方法对于减少过度思考有些抽象，但在实际运用当中却非常有效。例如，你常常为准备饭菜和超市购物而感到烦恼，或者你发现"晚饭吃什么"这样永无止境的问题令你头大，于是，你坐下，画出你的食物购买流程：从购买食材到定下来吃什么再到烹饪（如果冰箱没有食物时可叫外卖）。

一旦你把它们写了出来，你就会发现在整个流程中出现让你产生压力的环节：你是在一边扔掉大量剩下的食物，一边在周末外出购物。因此，你改变了自己的方式：将食物按照最佳食用日期排序，再有针对性地去购物。坚持一周，你看一下自己是否在以下两方面有所改善：你的食物浪费程度；你的购物压力。进步不是一蹴而就的，你不断尝试，总会有改变的。

诚然，一开始你会觉得你一直在思考自己遇到的问题，但此时你的大脑中不是让你感觉更糟的焦虑。相反，你是在赋予自己改变现状的能力，你用行之有效的方法让自己的生活更加轻松惬意。

最后，我们来讲一个如何有效使用时间的方法，尤其是在进行全盘考虑时，其中每个小任务的用时该如何分配。

时间模块化

我们有很多人每天都花大量时间在同一件事情上，那就是工作。可是，我们也总是很轻易地就把精力浪费在开会、收发邮件等那些会分散注意力并导致你过度思考的事情之上。时间模块化对于救火者、拖延者和那些想要能够掌控自己的时间安排来减轻压力的时间牺牲者，它可以帮助你走出被各种琐事干扰的状态。用这个办法，你把时间分成相应的几块，然后把需要做的事情分别安排在这几块时间当中，避免因事情多而顾前不顾后。通过提前规划，你不会为决定做什么而浪费时间和精力，进而保证你把重要的事情优先解决。你可以全神贯注于自己当下要做的事情，而不是在同一时间内做好几件事情无法专注。这样的方式不仅有效（你在一个固定时间内完成了更多的事情），而且还不会让你感到压力增加。也就是说，你付出更少的精力收获了更多。

深度工作要针对紧急且重要和重要不紧急的事情，而浮浅工作则应该是针对那些你想授权他人或者根本可以不做的事情。如果你可以把一天中的大部分时间都用于处理那些能够充实你的生活，帮助你完成目标的事情，并且最小化你需要做的浮浅工作及其造成的压力，那这可称得上是美好的一天了。时间模块化可以抑制完美主义者的内心冲动，让他们更加冷静和现实地衡量每件事情真正需要花费的时间。

首先，弄清楚这一天或一周中你希望做哪些事情，其中哪些事情是需要优先完成的。这将有助于你采取有针对性的方法。

第二，每天晨起和晚上睡觉前，你希望形成什么习惯。例如，早上你想晨练或者冥想，晚上睡前你喜欢轻松的阅读或者好好陪陪家人。当然，习惯的建立取决于你的价值观排序（也包括你的睡眠习惯）。

第三，把需要优先处理的重要事情安排在你思维最敏捷，精力最充沛的时间段。尽可能保证时间段的完整。

第四，预留一些时间给不重要的工作和自己状态不好的时候。

第五，别忘了每天还要留一些机动时间以备应对突发事件。例如，临时需要回复的邮件等。这样就不会导致事情堆积，让你感到压力。预留这个时间也意味着你可以放心地忘掉那些在指定时间模块之外的事情。

最后，按照日程表试行几天。它也许并不完美——找出问题及时更正。

许多人会刻意地安排一些休息放松时间，并确保每个任务之间有一点缓冲。你可能喜欢在一周中拿出一天拼命工作，这样，你就不会觉得工作是你的全部或者无关紧要。

记住，你的日程表是帮助你具备掌控力，而不是你被掌控。如果当中出现了问题，你可以尝试其他的日程管理APP、万年历或备忘录。尝试把时间模块加长或缩短，抑或是每天留出一段时间，你停下来评估，自己是怎么做的，以及为什么。假以时日，你的日程安排技能不仅会大大地提高你的工作效率，更会成为一个减压利器。

本章要点：

焦虑的主要来源之一就是没有掌握合理的时间管理技能。通常，我们都在集中精力应对让我们感到痛苦的事情，而没有给自己足够的时间去享受生活。我们应该刻意地拿出时间让自己充分地放松来减轻自己的压力。列待办事项清单、根据自己的偏好安排优先处理的事项、把任务分成一个个小目标去完成，这些都是非常行之有效的办法。

另一个帮助我们进行时间管理的方法：艾伦的"输入物"处理技巧。这里的"输入物"是指任何形式的外界刺激。首先，不论大小，我们将对我们造成刺激的"输入物"记录下来加以分析；然后以我们现有的反应为基础，找出解决问题的最佳策略，以便进行排序确定该优先处理的事情。

最后一个有效的办法：SMART 目标法。该方法的五个原则是：具体化、可测量、可达成、相关性和时间点。详细写出你的目标，根据目标制订详细的解决办法。接下来，设置标准衡量你的目标达成情况。你要确保目标设置与整体具有相关性，不能标新立异。要评估其与你的价值观是否一致，是否有利于你的人生目标的实现。最后，设立目标实现的时间节点，以便你合理规划。

第四章
应对焦虑的即时方法

如果根据自己的价值观和目标来规划时间，你会很自然地发现你的压力值和过度思考水平都更加可控并且逐渐降低。在你曾经总是过度思考的大脑，有时间喘息，你能明确什么对你重要，并且采取你想要采取的有意识的行动去应对。

然而，人生无常，总有意外发生。有时你可能已经精心制订了做事计划，但仍然陷于被动当中。

在这一章，我们将重点讲述一些即时可用的办法来应对扑面而来的压力。我们探讨的方法既可以用作日常预防，也可以即时使用。但有一件事情很明确，就像生活中的其他好习惯，放松也是需要练习的，它不会自然发生。这些减压方法也不仅仅是为了应对已经发生的事情，它随时可用。

当你处于放松状态时，你的心率、呼吸频率和血压下降，压力激素降低，疲倦感和肌肉疼痛减少，而胃肠动力增强，血糖升高，睡眠质量提升，注意力和自信心增强。这些都意味着你不焦虑了。与本书中其他技巧相结合，放松就是减轻生活压力的有效方法。

这里我们重点阐述四个技巧：自律训练法、引导式想象和想象可视化法、渐进式肌肉放松法和延缓担忧法。类似于5-4-3-2-1法则，这四个技巧能够发挥作用是因为它们帮助你的大脑变得平静并关注当下。这些方法可以在专业医师指导下进行，也可以每天花时间在家里自己练习。然而，一旦你熟练掌握这些技巧，那在你任何有需要的时候，运用它们就如探囊取物般容易了。

自律训练法

自律训练法，顾名思义，就是不受外力影响下自然产生，它源自于人的体内。将视觉想象、呼吸和对自己身体的感知结合起来，你能够镇定下来。某种意义上来说，本书中所有的方法都是自发式的，因为它们依赖于你自己把自身从压力状态转移到相对放松状态，并且需要你具备与体内抗压力机制协作的能力。

该方法由舒尔茨在20世纪30年代提出，他对催眠疗法和其他深度放松方式也有所研究。自律训练法旨在让你的身心自发地产生放松状态——这对于焦虑症患者是很好的事情。如今，在世界各地都有基于舒尔茨研究的自律训练法中心（主要分布在英国、日本和德国）。你也可以通过职业心理治疗师来进行训练。

于你个人而言，你不需要自己理解这些理论性的问题。它是通过一些方法使你的中枢神经系统放松下来。从生物学角度来看，焦虑和过度思考源于中枢神经系统。通过这个方法，你能够控制自己的思绪，管理你的情绪状态和生理唤醒，确保在面对消极思绪时不会产生无助感等不良反应。

这里有六个主要方法来引导你的身体和心理进行调整。一个正式的完整的流程大概需要 20 分钟。受训者调整到一个舒适的坐姿，然后由心理治疗师通过语言来引导他关注自己的身体。例如，心理治疗师说（重复 5~6 遍）"我完全放松了，我的右胳膊感觉很重，我的左胳膊也感觉很重……"，不断重复这些语言暗示。最后，整个环节颠倒，说"我的胳膊有力量了，我清醒了……"，以此让受训者恢复清醒。

六种使用语言暗示的方法：

沉重；

温暖；

感知心跳；

感知呼吸；

感知腹部；

专注于额头的清凉。

在每个环节结束时，受训者不仅要学习放松，还要更好地控制自身对各种外界刺激的感知。通过练习，你会增强控制内心世界的能力。事实上，在《应用心理生理学和生物反馈》期刊进行的元分析证实了该技术在许多治疗中的有效性，包括高血压、抑郁、哮喘、偏头痛、焦虑、恐惧症、疼痛、失眠等。定期进行训练，在缓解日常生活中的紧张和压力以及增强自尊心方面是有明显效果的。以下是自己如何进行练习的简要指导：

1. 找一个舒服的姿势，坐着或躺着，慢慢地深呼吸，然后对自己重复说六次："我完全平静下来了。"例如，你在进行第二个练习，你就专注于温暖，把你的意识转移到自己身体的温度上。

2. 然后，重复说六次："我的左胳膊很温暖，我完全平静下来了。"慢慢地说，专注于感受，放慢呼吸，专注于自己的身体。

3. 接下来是你的右胳膊、两条腿、胸腔和腹部。交替使用"我完全平静下来了"。

4. 反转顺序说"我的胳膊，有力量了""我清醒了"等。最后，在结束前说"睁开眼睛"。整个流程持续 15～20 分钟。

每次进行训练时，你可以专注于不同的感觉：首先是沉重，接下来是温暖、心跳等全部六项。进行练习时，你可以将它们结合在整个流程中。例如：

"我的胳膊很沉重。"

"我的双腿很温暖。"

"我的心跳平稳规律。"

"我的呼吸均匀。"

"我的腹部很放松。"

"我的额头清凉舒适。"

在整个流程中，重要的是你要在舒缓的节奏中全身心沉浸其中去感受，不要赶时间，去感受身体的和谐与平静。去感受当你告诉自己"我很平静"时身体的变化。多么神奇！在这里，我一定要强调，自律训练法确实需要花费一定的时间，才可以感受到它真正的好处。它需要你专注投入地练习。如果你能不辞辛苦地坚持下来，你就会得到丰硕的成果。因为你已经掌握了一种可以随时随地练习的用于减压的方法。你也能够通过这个流程锻炼自己对于生理过程的控制，这一点是意志力所不能做到的，例如，心跳、体温和血压等。每天抽出几分钟，重复几次这个练习，你最终会看到它对阻止过度思考的效果。

如果你认为这个方法很有吸引力，你可能想在当地找到这样能够帮助你的专业人士或者课程。你可以试着在网上找一些相关视频课程，帮助你轻松入门。当然，你也可以自己录制一个简单的小视频，注意指令清晰，指令间隔时间充足，然后自己反复播放使用即可。

值得注意的是在没有专业医师的指导下使用这个方法是有一些风险的。在极少数情况下，练习者出现了压力增大的情况。但是，那些没有严重心理问题的人完全可以放心使用自律训练法。此外，我们不建议糖尿病和心脏病人尝试自律训练法。因为有案例在自律训练法过程中出现过血压骤升和骤降的现象。我们建议如果你有以上任何问题，在尝试该方法前一定先咨询专业医师。

引导式想象和想象可视化法

在自律训练法进行过程中，你可能在不经意间就会产生一些想象的画面：一团微弱的红光围绕在你身边，你感觉到温暖；或是你的双腿像灌满了铅一样沉重，它们被一片柔软蓬松的云朵围绕着。这样的心理想象将你的精神世界和现实世界连接在一起，让你的意识、想法和感受协调一致。这就像让过度思考和压力坐上同一台智能机器驶向平静与和谐。你的大脑能够以每小时 1000 英里的速度高速运转，想象出许多与现实毫无瓜葛的焦虑场景，只是你的身体反应没有那么快，但你的感觉总是能够精准地感受周边环境，并把这种感受精准地传输给自己。将想象可视化可以让你改变这种感觉，放慢速度，进而不让你的思绪飞走。

可是，这个方法不仅仅是跟视觉有关，越多感官被调动效果会越好。运用你的视觉、听觉、触觉、味觉和嗅觉去描绘一个"心灵圣地"，在那里，你能拥有所有的好情绪。毕竟，当我们过度思考时，我们是将自己放在一个充满了痛苦和压力的虚拟世界。

这个方法可独自操作，也可在专业治疗师指导下进行，也可以用录好的语音（常被命名为引导式想象）来配合进行。搭配按摩、渐进式肌肉放松（稍后我们会讲到）、自律训练法或瑜伽，也是很好的。该方法的核心理念是：如果我们能够在脑海中构建一幅轻松的画面，我们就可以调控自身的压力，暗示自己要感受放松的状态而不是让过度思考和压力压倒我们。它不仅仅将你的注意力转移，而是调整你的意识去远离压力，感受放松。

人的身体和思维是协调运作的。闭上眼睛，想象一个新鲜多汁的酸柠檬，即使这只是一个想象出来的东西，你也会不由自主地流口水。借用这个逻辑，我们在大脑中想象我们置身于一片安宁之地，倍感放松……接着，我们的身体随之产生这样的感觉，无法区分这到底是真实还是想象。如果你能坚持练习这个方法，你也可以辅以经常使用的口头暗示，让你在心之所想之时便身处那片"心灵圣地"。

我们得到的启示是：我们不是在屈从于身体的一时兴致和思维的灵光一现，而是在有意识地塑造我们的思维状态——练习得越多，我们就越能够掌握自己的状态。在冥想当中，我们培养自己的意念进入当下。在引导式想象和想象可视化的方法指引下，我们做同样的事情。但是一旦摆脱了紧张的想法，我们就能把意识导向我们的目标。冥想和想象可视化可以完美结合。

想象可视化方法的优点就是可以自己进行练习。只要你喜欢，可以随时随地去做，它唯一受的限制是你的想象。然而，万事开头难，一开始你需要耐心和专注。一旦你掌握其中窍门，那你只需要找一个不被干扰的时空即可。操作方法如下：

找一个舒服的姿势，放松呼吸，闭上眼睛，专注于自身。

尽可能详细地想象一个地方，在那里你会感到快乐、安宁、精力充沛。你可以选择一个清凉神秘的森林、一个沙滩、图书馆壁炉旁一张温暖舒适的毯子或是遥远紫色星球上的一座漂亮的水晶宫殿（你喜欢什么，就想象什么）。

当你想象一些细节时——它的气味、色彩、声音，甚至是质感和味道——也会唤起你的感受。可能是平静和狂喜，可能是快乐和满足。想象着自己置身于这样的地方，看着自己微笑或者只是安静地坐在那里。

你还可以给自己构思一个故事：你沐浴在闪闪发光的泉水中洗去一身的压力、与一位可爱的天使聊天或是手捧一大束漂亮鲜花。用 5~10 分钟让自己在这个故事中慢慢感受。

当你感觉准备好了，慢慢地从想象当中走出来，睁开眼睛，舒展一下身体。你可能会把想象中的一个场景带走。例如，你想象的场景就像一幅油画，你把它折叠起来装进口袋，随后还可以再去欣赏。告诉你自己，你可以时常到那里去看看。

正如自律式训练法，你想专注于自己的情绪状态，那就尝试对自己说"我感到平静且满足"或其他任何你喜欢的暗示语。或者把引导式想象与关注温暖和沉重的感觉结合起来。例如，你可以专注于自己的四肢，与此同时想象着那些压力和担忧都像小泡泡一样飘散，离你远去。或者你也可以想象自己的额头很清凉，你置身于一条潺潺的溪流，在溪水中，你拍打起的水花溅在身上，多么惬意的感受啊。

引导式想象不仅有助于减少焦虑，同时对提高人们打开潜意识层面中的智慧有很大帮助。这个方法简单有效，并且同传统的心理治疗方法一起，被越来越广泛地运用。即使是一些遭受创伤后精神紧张、被虐待和抑郁症的人都发现这个方法有助于减少压力，增强情绪控制力。

如果你面对问题总是会过度思考进而焦虑，那就提醒自己这个方法仅供娱乐，不要当真。不要在乎你的想象会是什么样子，而应该放松精神，让你的思想在你喜欢的那个快乐世界任意驰骋。

正如我们之前说的，要熟练掌握这个方法是要花一些时间的。这主要是因为你所想象的关于自己的故事要足够详细生动，才能让你可以身临其境地放松。你可能会发现，即便你是一个过度思考者，但你在这方面的想法也只是令人惊讶地平淡空洞，缺乏生动的色彩和深度。

如果你发现自己有一些缥缈的想法，那就努力让它们变得有意义。不要只是想一个抽象的词语"平静"，试着去体会在你的脑海中平静是什么感觉；它是什么颜色，质地如何；去试着听一听它的声音；闻一闻它的气味；看一看它的样子。去想象，在平静当中，你会是什么姿态，它象征着什么，它能让你想到什么。

起初你这样做时会觉得有些尴尬，感觉很难完全沉浸其中。有人提出了一个好办法：想象有一个很专业的向导带领着你到一个"心灵圣地"，而不是你独自前往。引导式想象和自我催眠在操作方法上略有不同，但其共同特点就是它们都在帮助你进入到一种深度放松的状态，从而让你形成更加积极的思维模式。

渐进式肌肉放松法

最后，我们再介绍一个有效的方法：有意识地控制自己的肌肉群。人一旦产生压力，就会出现战斗—逃跑反应。此时，大脑皮层会释放出大量的神经递质和荷尔蒙，刺激身体做出反应：是战还是逃？这些荷尔蒙会造成肌肉紧张，这就是一些长期处于压力之下的人会出现身体疼痛、肌肉紧张和神经性头痛的原因。

那些有社交焦虑的人因为承受了压力而更容易变得肌肉紧张并且完全不会意识到这一点。请记住，身体和精神是相伴相生的。在你过度思考时，你的大脑会激活一种电化学活动然后通过大脑信息使者——荷尔蒙，转化为身体反应——紧张、僵硬和收缩。因此，也许你明白自己出现了过度思考，但你可能并不知道你身体的各个组织、器官或者消化道发生了什么反应。压力不仅仅是在大脑里存在的——我们的全身都会发生反应。过度思考者通常不会注意到自己的身体变化——他们的长期性肩痛和磨牙其实就是焦虑造成的。大脑首先紧张了，肌肉也随之紧张起来。这个时候，我们就可以尝试一下渐进式肌肉放松。

渐进式肌肉放松不仅可以放松肌肉，还可以促进消化道健康（精神紧张和肠道痉挛有直接联系）和降低血压。

渐进式肌肉放松旨在加强对肌肉的控制，从而有意识地进行放松。经过长期观察，医生们发现先使肌肉紧张再进行放松，效果会比紧张之前更好。这个听起来似乎有违常理。但事实确实如此，当你先让肌肉紧张起来再放松，较之于直接去放松肌肉，前者会达到一个更好的效果。

埃德蒙·雅各布森在20世纪30年代提出过："如果你身体是放松的，那么精神就一定放松。"他主张一种每天花10~20分钟的肌肉放松法，这个方法适用于多种情况，它可以作为一种医疗方式或每晚睡前练习，也可以搭配想象可视化法、日记减压法、轻松阅读甚至是祈祷和音乐。

简易操作步骤：

找一个舒服的姿势，最好闭上双眼，保持注意力在自己的身体上。首先让自己的一部分肌肉尽可能紧张，然后再完全放松。接着进行下一个肌肉部分的练习。

可以从肢体末端开始：手指、脚趾，然后向上逐步到腹部和胸腔，再到面部肌肉和头皮。也可以从头开始，自上而下。选择你喜欢的方式即可。

尽可能收缩全身肌肉，数到5或10，然后很快地使紧张的肌肉完全放松。要细心体察放松时的肌肉感觉（此时，引导式想象可能会派上用场——压力从你的肌肉当中排挤出来，就像海绵中的水那样）。

身体不同的部位收缩方式不同。首先，你的肱二头肌、上臂、双手和大腿向内收紧；你的肩膀尽力向上抬去找自己的耳朵；你的额头紧绷，眉毛尽可能上抬；你的双眼快速紧闭。其次，尽可能大笑，让面部肌肉和下巴紧绷；将你的腹部紧缩成一个小团；让你的后背尽最大力完成拱形。你也许会感觉有太多东西需要记住，但在你尝试几次之后，你就能够熟练地按照一定顺序开始练习了。

除了减少焦虑，渐进式肌肉放松还有许多其他的好处。它可以提高你的睡眠质量，缓解肩颈疼痛，降低偏头痛频率和改善其他一些健康问题。

从某种意义上来说，自律训练法、想象可视化法和渐进式肌肉放松法是殊途同归的——你通过学习掌握控制自己意识的能力，引导它关注你的身体，关注当下和五官接收到的外界刺激，从而远离过度思考。对精神和情绪的控制来自于你逐步学会了"我可以控制自己的情绪和身体"，而不仅仅是思绪。

延缓担忧法

最后一个能够阻止焦虑和担忧的简单方法是延缓担忧法。事实上，它适用于任何人，不仅仅是受焦虑困扰的人——它是一个行之有效的全方位的压力管理方法，它有点类似于进行压力预算。

焦虑与担忧对人体有侵扰性。人的大脑一旦产生负面消极的思想，就很难转变或不受其影响。你的脑子里会出现一个声音"我必须关注这个事情"，你的注意力会被这个声音带走，无法集中于当下的事情。

这样的结果就是你被忧虑所控制。一个负面的想法扑面而来，你就屈从于它。这里，我们错误地认为负面想法一旦产生就只能为其所困。我们大脑中的消极偏见和信息处理过程是天生会放大坏消息的，它会告诉我们要优先处置具有威胁的事情。

请注意，如果目前的担忧是"我面前的这只老虎是不是正在想着吃掉我"，很显然你必须优先处理这个。但生活中我们面对更多的担忧其实是"珍妮一定认为我的任务完成得太糟糕了"或者"会不会有窃取身份信息的人翻看我扔出去的垃圾，恰好发现了我写的那篇日记，现在是不是联邦调查局的所有人都知道了这个"，其实我们总是优先去想一些根本没有必要的小事。

延缓担忧并不是要你彻底消除担忧（确实，即使是不焦虑的人，也都有这些担忧），而是把担忧安置在一个适当的地方。当你产生焦虑时，你不要立刻想着怎么办，你可以暂时不管它，过一阵子再说。你能够控制自己的注意力，不被一些琐事所分散。

延缓担忧顾名思义就是刻意地把担忧向后放置，要注意，这并不是说你就不会为其忧心。延缓担忧是指导我们更加主动积极地面对担忧，减少其对生活的影响并将其合理地解决。有些担忧，在当下看来是刻不容缓、不可妥协、必须专注解决的。但是事实并非如此，换一个时间，事情可能会是另一个样子。

延缓担忧有不同的方式，但其核心就是要发挥主观能动性，在担忧之外设置一道隔离屏障。

限制你担忧的时间点就是一个好办法。例如，晚上你正要躺下睡觉，突然脑子里冒出了好多个烦恼。此时，你告诉自己："没关系，为这些事情担忧是可以的，但不是现在。明天上午十点，我来解决这些问题。但在这之前，我不会去想它们的。"

然后你照做。如果你的思绪又开始想一些生死攸关之事。你也要自信地告诉自己，现在好好休息，随后处理。很大概率这些事情都并不是急于处理的。事实上，如果第二天早上去做，你会精力更充沛、思路更清晰。对自己说该做的你都做了，目前没什么需要再做的，担忧更不需要，睡觉就好。

另外，你也可以限制担忧的时长。从床上坐起来，你告诉自己："你又开始担忧了！好的，五分钟，然后睡觉。"定个闹钟，开始想想担忧的事情，到时间就停下来。这个方法有几点好处：首先，如果你将担忧向后延迟，过一会你就不会那么想这件事情了；其次，你给了自己担忧的时间，担忧了一阵子后你会发现并没有好转，也就是说，你给自己担忧的时间并没有任何用处。在这两种情况下，你能够限制或者管理担忧对你的影响，并且告诫自己是可以改变的，你可以不被那些干扰你的负面想法所摆布。

这个方法需要提前做一些准备，然后练习。每天固定一个时间去担忧，再固定一个你不想被打扰、思路清晰的时间。不要害怕去尝试不同的东西，情况会越变越好的。

然而，你还是会想："听起来倒是不错。可是如果这次我确实需要担忧呢？如果这次真的很严重怎么办呢？"

让我们来看看会怎么样。假设我们这次的担忧和害怕真的很重要，需要立即想办法解决。我们所需要的其实是区分这些情况和过度思考的方法。试问自己两个问题：这个担忧真的是问题吗？我现在能做什么？

也就是说，这个问题必须十分关键且在当下就可以解决。让我们来看三个例子：第一个，你面对一个让你绞尽脑汁都很难解决的紧迫工作。这确实是一个真正的问题，但是现在是深夜，那个能帮你的人明早才能联系到。所以，问题是真实的，但目前你束手无策。第二个，你的孩子发烧了但状态还不错，你可以立刻把孩子送医院。这是一个当下可以解决的事情，但并不是一个真正的问题。第三个，假设你担心一个客户会给你差评。事实上，这并不是一个严重的问题（并没有哪个生意因为一个差评而黄了），而且你也无计可施。

如果你真的遇到了一个严重的问题并且可以立即采取措施，那就要毫不犹豫地行动了。

但请注意，行动，而不是担忧。特别是当需要采取行动时，担忧和过度思考是毫无用处的。甚至，你需要尽量不担忧。此时你最需要的是一个冷静清晰的头脑思考对策。除非你真的过于焦虑，并且你能够采取理智的行动，否则就延缓担忧吧。早上再打电话，或者稍后再解决，或者先暂时不考虑它。

一旦你确定这件事并不值得担心，那就果断放开它。设想你的思想就像是一只被拴着的狗，一直在把你拉向当下。如果你可以调动你的五官，那就很容易把自己留在当下。看看自己的身边，去发现三个物体、三种声音、三种气味等。

当你担忧时，你可以注意一下你的担忧会不会减弱。要知道，它不会一直那样严重的。换个角度看待那些焦虑，找到办法去解决它，你的焦虑是不是就会减少？有时，应对担忧的最好办法就是把它转化成一个具体的问题，然后解决它。

本章要点：

偶尔觉得自己极为焦虑，快要失控的时候，你可以尝试一些经过验证的方法来减轻焦虑。

第一个方法是自律训练法。这个方法教给我们通过六种不同的练习来控制自己的情感和思绪。练习这个方法，你需要用一个舒服的姿势坐着或躺下，然后给自己一些语言暗示，"我完全平静下来了"，与此同时，平稳缓慢地呼吸。在你间断性重复这句话时，去感受身体各个部位的存在。这个方法需要花点时间来掌握，但它可以随时随地进行。

第二个方法是引导式想象和想象可视化法。同样的，你找到一个舒适的姿势，想象一个可以调动你所有感官的地方来体会愉悦的外界刺激。这个地方可以让你放松即可。你要充分调动自己的想象来详细描绘这个地方。

第三个方法是渐进式肌肉放松法。这个方法的理论基础是：身体放松会导向精神放松。因此，我们先让肌肉紧张，接着使其放松。练习者以一个舒适的姿势坐下，让身体的各个部位依次先紧张再放松。可以从头到脚，也可反过来进行。

第四个方法是延缓担忧法。它是一个阻止焦虑的直接有效的方法。当你感觉自己开始焦虑时，你可以为这个导致焦虑的事情有意地安排一个靠后的时间，然后将自己的思绪抽离回当下。想要彻底消除生活中的担忧是不太可能的，但是我们可以有意识地控制它出现的时间点和时长。

第五章
重构你的思维模式

通过前四章，我们对什么是过度思考和如何从自身出发应对它有了基本的认识。压力管理、调控自己的思维和心态、学会放松和积极规划时间都是十分简便的应对过度思考的方法。但在这一章中，我们将把注意力转回到思维本身。

思维、身体和情绪是彼此相连、相互影响的。但你可能会发现，当人处于焦虑状态时，思维往往尤为重要。我们的思维是由思考问题的方式、脑神经结构和我们对世界的认知构成的。基于这一点，认知行为疗法（简称 CBT）直击问题的根源，它主要针对我们对世界的不合理认知，引导我们形成合理的、能够自洽的思维。

我们之所以在这一章才提到过度思考本身，是因为 CBT 疗法是建立在对前几章内容充分了解基础之上的。如果不了解前面的内容，它将无法发挥作用。许多人对于过度思考的认知过于复杂。他们意识到了过度思考的问题，于是直接从精神和认知层面想解决办法。他们忽略了自己本身的问题：咖啡因摄入过量、生活节奏过快、精神创伤和长期缺乏睡眠。于是，带着美好的愿景，他们开始运用 CBT 疗法，但功亏一篑：要么是毫无头绪乱作一团；要么是毫无作用恶性循环。

大脑是人体器官之一，我们大脑中的脑电波让我们产生了思维。想要从思维层面自上而下地应对过度思考，就需要一套自下而上的做法与之相匹配。而且这套自下而上的做法需要能够识别这种思维层面的做法是我们的身体在生物学功能层面的应对。换言之，应对过度思考时，仅仅有思维层面上的做法是不太有效的，我们还需要对导致过度思考的各个问题进行综合性全局考虑。

也就是说，几乎所有的过度思考背后都有一个消极思维模式。通常情况下，造成你过度思考的不仅仅是思绪太多，还太消极。毕竟有很多人的思维都极其敏捷并且会想很多事情，但他们并没有产生痛苦的思虑。CBT 疗法能够引导你直接找到那些歪曲念头的根源，并用冷静和控制力（而非药物）带领你离开它们。

CBT 疗法常被应用于恐慌症、强迫症或广泛性焦虑症的临床治疗，但我们也可以运用这个方法来应对日常压力，尤其当这些压力来源于我们自己的想法时。

CBT 疗法的一个基本前提是：我们内心的想法（而非外

界）影响我们看待世界的方式和行为。同时这些想法又会产生不同的情感，这些情感也会影响我们的认知，改变我们对自己的看法和行为。一旦我们的想法发生改变，就会有很多其他改变随之而来。例如，过度思考中的你会有这样一个想法："任何失败都不可接受。如果我失败了，我就是个失败者。"这就意味着如果你失败了，你就会感觉糟糕，从此再也不想去做可能会失败的事情了。然而，如果你只是觉得失败很正常，它并不是世界末日。那么，当你失败时，虽然会失望，但你也会重整旗鼓，再次出发。

如果你认为失败可以让你学到更多并且变得更强大，那么，当你失败时，你会更有目标，更有动力去进行下一次尝试。同样都是失败，但面对失败的想法不同，情绪不同，你采取的措施也就不同。因此，我们有必要去了解你的这些想法、情绪和应对态度的根源，看看它们是否把你引领到你所想要的那种状态当中。如果没有，那就应该做出改变了。

在本章接下来的内容中，我们将重点讲解如何找到那些负面不合理的想法，消除它们或调整自己产生更加积极有益的想法。CBT 疗法的过程是一个学习应对的过程，它不仅能够使你更加深刻地认识自己的焦虑问题，还能够帮助你直面那些恐惧，找到解决对策。CBT 疗法可帮助你挖掘自己潜在的认知能力并合理使用它们。你不再需要在过度思考的死循环里焦虑，而是用自己的分析能力、主观能动性和专注力去改变内心那些不合理的想法，积极面对人生。

了解你的认知扭曲

让我们从识别那些消极的想法和信念——认知扭曲开始吧。我们对于这个世界的看法到底有多准确呢？也许你从未思考过这个问题，我们也从未刻意地筛选现实。但事实不可否认，我们都在通过自己的预期、信念、价值取向、偏见、假设或是错觉来看待这个世界。对于过度思考者，他们都倾向于相信自己眼中的世界。他们总是根据表象来做出评估、假设和预期，并认为那就是现实，然后据此采取措施。全然不顾及自己在其中添加的主观臆断。看到什么是最常见的认知扭曲了吧？是的，我们每个人都有这样的问题，包括你。

在以下几种常见的认知扭曲中，你能不能找到自己：

黑白思维。这是一种过于简单化的思维方式，认为不白即黑，不好即坏，不对即错。这是一种根源于战斗—逃跑反应的情绪状态。拥有这样思想的人常常会用"绝不、总是、绝对、完全或完全没有"这样的词语。这种思想会减少对事物的妥协性、创造性和辨别度。它常常跟无助、沮丧和顽固情绪相伴发生。例如，一个政客说"你不支持我就是反对我"或你的大脑告诉你"这件事情做不好，你就永远都做不好任何事情"。你听到的都是非此即彼的绝对思想。

以偏概全。它和非此即彼的绝对思想有相似之处。例如，当一个男人做了不好的事情时，你会得出结论"所有的男人都一样"，或者是某件事情只发生了一次而你却说"事情总是这样"。这种思想放任了情绪，提升了焦虑感，让完美主义情绪更加饱满。

内归因或外归因。你如何看内归因的事情呢？如果我们错误地认为自己是现象背后的原因，这就是内归因。例如，"爸爸和妈妈离婚是因为我没有打扫自己的房间。"这样的思想会带来自责和自卑。过度思考常常会带来自责。外归因则完全是相反的态度，对于自己的错误从来都要在他人身上找问题。例如，"我才说了几句，她就不开心了，这不怪我，是她太敏感了。"这两种认知扭曲都回避了真正的原因，导致一种无助感。

心理过滤。这个很常见，我们参加了 100 次测试，失败了 1 次，你得出结论"我失败了"，完全忽视了成功的那 99 次。可能你认为成功都是运气好，而失败就是你的问题，并且你总是失败。这样的偏见来源于我们的一个核心信念：事情总是糟糕的，以至于我们从未遇上好事。

情感推理。在这种认知扭曲中，我们认为如果对某件事情产生了看法，那么这个看法一定是正确的。换句话说就是

"如果我觉得它是这样，那就一定是这样。"例如，你面对一个关于工作的业绩评价，你有些担忧这个评价不会太好。所以，尽管还不知道真正的结果，但你在不断地确定你的担忧很有道理，并且坚信这个糟糕的评价会给你带来很多问题并让你失去自尊。

以上提到的只是几种较为常见的认知扭曲。其他还包括：杞人忧天（灾难化思维，一件事往往只会出现最坏的结果）、迷信思维（门外的那只乌鸦预示着今天我不应该出门）、读心术（随意揣测一个人讨厌你）、消极预测未来（武断地认为这件事一定会发生）和贴标签（一个双博士学位的人居然表现得像个五岁小孩儿）。

我们当中很多人会同时陷入多种认知扭曲。例如，你担心自己的伴侣不忠诚，那就会自然而然地认为他已经对你有所欺骗（情感推理），因此你觉得这是因为自己的某些缺点导致的（罪责归己）。接着，你还会杞人忧天并武断地得出一些结论。这个过程中，你已经开始忧虑分手的问题了。在这种情况下，问题的关键是你要意识到自己已经陷入了这样的思维。要留心自己强烈的措辞，诸如"应该""必须"；还要留心自己无意义的猜想，或者自己在努力去解释和证明根本不存在的东西。接下来，就让我们来看看如何捕捉到这些认知扭曲。

A（诱发事件）B（行为）C（结果）**模型**

这个模型有助于你了解自己的认知扭曲。它的基本理念是：通过改变人们的认知，让人们对之前发生的事情（Antecedent）采取不同的行为方式（Behavior）进而改变事情的结果（Consequence）。ABC 模型重点在于我们的行为，但众所周知，行为是由思维驱动的。

Antecedent 中的 A 代表诱发事件。例如，每次你去沙滩，都会吃一个冰淇淋；每次你的伴侣迟到了你都会生气并沉默不语。这个诱发事件可以是一个人，一句话，一个环境，一个感受，一个情境，一个时间点或者这几个因素的结合。

Behavior 中的 B 代表由诱发事件所产生的行为，它可能有用也可能没用。例如，你每次工作遇到压力时就去大量喝酒，进而导致酒精中毒。很显然，这是毫无益处的。生活中，有些行为对我们解决问题有所帮助但也有一些会起到反作用，让我们感觉更糟甚至身处危险当中。

Consequence 中的 C 代表由行为带来的结果，它或好或坏。有些行为给我们带来了事情的改善，让我们感觉良好，但还有一些行为则毫无裨益。通常，好的行为会带来好的结果。反之亦然。

我们把这三点逐一进行概述是为了让大家明白这三点之间是相互关联的。有时，我们没有注意到想法是如何影响行为，行为又是如何影响生活的。还有时，我们也忽略了行为之前的诱发因素。一旦我们能够意识到这些，我们就可以采取措施去避免一些诱发因素，而不是舍本逐末，改变自己的行为。

你有没有尝试过停下来找寻某个行为产生的原因和造成的结果？你是否考虑过为什么这么做，以及它是否给你带来满意的结果？一开始，你需要像一个科学家那样对你的行为进行数据收集，然后找寻规律。制作一个四列表格，梳理每件事情的内容（A）、行为（B）和结果（C）。这样持续一到两周，直到你找到其中规律。请看以下的例子（见表5-1）：

表　5-1

	诱发事件	行为	结果
事件 1	午饭时间在商店	买了一盒甜甜圈，然后在车里狼吞虎咽地吃掉了它们	感觉身体不适和羞愧
事件 2	在办公室，同事过生日	大口大口吃了很多生日蛋糕	感觉身体不适和羞愧
事件 3	跟孩子们争吵之后情绪低落	从柜子里找到曲奇饼干，吃了半盒	感到自己失控了

在这个十分简单的例子中，你可以很快得出结论：这个人吃太多，不是因为他贪得无厌（事实上这个感受是暴饮暴

食的结果），而是由于压力造成的，或者说是因为环境造成的（即，同事派对＝蛋糕时间）。

这个简单的记录揭示了几个事实：如果结果注定不好，无论你采取什么行为都无济于事；解决问题的关键是调整诱发事件，以避免类似行为的发生。

虽然这个方法有用，但它只适用于一些简单的行为。你可能需要一个专业人士的帮助来找出更复杂更隐蔽的行为倾向，特别是当你在分析中无意识地添加了个人的偏见或错误想法的时候。

ABC 模型的使用分为两步：首先，对于目前的行为搜集更多数据以获得更准确的认知；其次，重构诱发事件和结果以改变那些不合理的行为。

改变行为是可能的，但是需要时间。尤其是当你用全局观念来看待问题时，效果会更好。这里的全局观是指不仅要考虑外在的行为构成，还要注意支撑这些行为背后的思维。当出现过度思考时，我们可以使用 ABC 模型来改善它。我们要注意在我们行为的前中后阶段分别产生了什么思维，这些思维又是如何影响行为的。

还有很多有益的结果无意中强化了不良的行为。例如，每次醉酒，你都会成为聚会上的中心人物，你得到了朋友们的肯定。仔细分析，你不仅可以认清行为还可以看清背后的想法——"如果我喝酒，人们就会喜欢我。这就是说，如果我不喝酒，人们就不喜欢我"。如果你看清自己关于饮酒行为的这个核心信念和想法你就能更好地应对喝酒焦虑的问题。

消极思维记录法

另外一个减少过度思考和焦虑的方法是直接处理那些消极想法，尤其是会让你做出一些并非你所想的行为的想法。消极思维记录单是通过有条理的方式将所有自动或无意识产生的想法收集到一起，然后逐一进行分析来确定是否需要用一个更好的思维来替代它。

用建立 ABC 表格的方法同样建立一个消极思维记录单（见表5-2）：

表　5-2

日期、时间	事件	自动思维	情绪反应	替代思维	替代后结果

每次你感受到强烈负面情绪时就做一次记录。这个记录表将会帮助你深刻了解你当时的所思所想，并有据可依地找到解决办法。

事件：把任何促使你产生某种情感或者想法的事情记录

下来，就像上一个表中记录的诱发事件一样。这里可能会是一些让你产生了感觉的回忆、想法、情感、看法或者白日梦。

自动思维：记录下因为某件事产生的想法或感受以及它们的强烈程度。

情绪反应：整理出这些自动思维带给你的情绪，并用百分数来表达程度。

替代思维：在诱发事件发生之后，思考一下你所产生的认知扭曲，考虑是否有更好的应对方法。这一点我们将在接下来的章节中全面讲解。

替代后结果：在你改变最初想法和感受之后填写这一栏。重新评估你对自动思维的感受，以及你想要采取的行为。

你也可以在上表中添加一列：认知扭曲。这将有助于你更容易地识别你倾向于陷入哪种认知扭曲。

以上两种方法都有着同样的功能，只是前者更侧重于行为而后者更强调行为背后的思维。当你过度思考时，你可以酌情选择其中一个或同时使用两个方法来对自己的状况加以分析。不论你使用哪一种方法，数周之后，你都会收集到足够的数据来进行下一个步骤：向你的思维发起挑战，改变它们。

摆脱认知扭曲

　　无论你是用哪一个方法去克服那些无用的念头，其核心都是要去控制让自己焦虑的思维方式，然后有意识地去调整到平静、可控和理智应对的状态当中。请记住，不要总是评价生活，要充满热情地探索生活。容易焦虑和过度思考的人总是对自己很苛刻，对自认为存在的缺点和弱点进行抨击。如果你发现自己存在这样的认知，并且觉得这是一种认知扭曲，那么就太好了！你要为自己诚实和有勇气去成长和改变感到自豪——你并没有固步自封，烦躁绝望。我们希望通过剖析自己的思维来产生更有利于反映我们真正价值观的想法，从而引导我们生活得更加和谐快乐。这是一个会让自己变强大的过程。以下是一些比较常用的方法：

认知重构

　　你不觉得很有趣吗？我们总是经常和轻易地就认为自己的想法是完全正确的。大部分时候，我们并不会质疑大脑里的想法。但只要你停下来仔细思考，就会发现这些想法中有很多歪曲的事实、错误和虚假陈述。它们让我们陷入过度思考和焦虑当中。不知道这些虚假和错误到底来自于何方——

传统习惯，痛苦经历，还是自然习得？但有趣的是，它们总是能够安然地存在于我们的大脑中并让我们相信这就是现实。

我们必须拥有科学家的精神，对我们的思维进行分析和质疑，从而找到依据，不能盲从那些老观点。对思维有清晰的认识，它就好比一把利剑，帮助我们砍掉那些过度思考的东西，在纷繁的思维中取其精华去其糟粕。

我们的感受并不是源自于发生的事情，而是我们如何看待发生的事情。我们对事物的看法发生改变，感受也就会改变。事实上，如果你按照前几节所讲的内容对自己的思维进行了分析和思考，那么其实你已经在有意地调整自己的思维模式了。哪怕只是放慢节奏去审视自己的思维，你也会变得更主动应对自己的情绪。仔细分析自己的思维，而不只是任其发展，你都会在应对压力时更加主动、理智和有条理。

让我们进一步来说。当你产生负面情绪时，立刻停下来，暂停并有意识地感受它。然后，无论你选择哪种方式，都尽可能详细地将它记录下来。同时也要找到诱发事件并把它记下来，至少也要知道你在产生负面情绪前发生了什么。如果可以记录细节：事发时都有谁；事发的时间和地点；具体发生了什么。这样会更好。

记录下你的自动思维，即使它在你的大脑中还不太清晰了，留意大脑中的那些自我对话，突然冒出来的问题和你想立即讲出来的看法和故事。棘手的是，那些最具有伤害性和难以磨灭的自动思维都是难以表达清楚的。注意你的情绪反应（起初你会觉得它跟你的思维是一个东西——千万去仔细分辨它们）和你的感受程度，你可能会不止有一种感受。

一旦你熟练掌握了这个，那我们就可以做最重要的事情：改变。务必在你花费时间收集足够的数据后再进行认知重构——只有清楚地知道自己应该注意什么的时候你才真正地做好了改变的准备。你的替代思维也会被你自己出现过的认知扭曲所引导。当你对这个流程不太熟悉时，你可能会想找出尽可能多的替代思维——它们是否起作用并不重要，重要的是你找到了一些替代思维，也就是另外一种看问题的方式。找到对事情不同的见解，在你的认知当中增加些可以商量和折中的空间。

以下问题有助于引导推进这一过程：

我有什么证据能够证明我的自动思维的真假？

有其他见解吗？

我有没有犯错或者假设？

最坏的结果是什么？真的有那么坏吗？

我出现了什么认知扭曲？如果客观地看，我的想法会是什么样？

一个我爱的人或者朋友会怎样看待这个想法？

我是否全局考虑了？

我的反应真实吗？还是我只是做出了习惯性反应？

还可以换其他角度来应对吗？别人会怎样应对呢？

这些想法到底从何而来？它可靠吗？

写出至少三个替代思维，越多越好。然后，看着你的表格，换个角度再次审视你的思维和情绪反应。重构思维之后，你的感受有什么不同吗？如果有，请注意体会它带给你的好处。在你的内心深处，越是能够认识重构认知对你的正面影响，你就越有可能坚持使用它并且从中受益。

让我们来看一个具体的例子。迈克经常性过度思考，最近他一直在为工作而忧心忡忡。他害怕事情变得无可挽回。因此，几周来，他一直坚持记录消极想法。以下就是其中一条：

日期、时间：7 月 5 日，10：45

事件：早上匆匆忙忙去上班，在走廊里撞上了老板，老板问话时我没有及时回答，他大笑了几声。

自动思维：其他人一定在看着我，议论我；我必须时刻保持镇定和从容；我在工作方面真的很失败。

情绪反应：恐惧（80%）、羞愧（10%）；感觉我无法放松，感觉自己就像一个骗子。

替代思维：可能出现的认知扭曲，如杞人忧天、以偏概全、心理过滤（过于负面）、读心术。

替代后结果：重构认知后我感到舒服并放松多了。

几周之后，迈克注意到出现了同样的思维和认知扭曲。于是他针对自己的想法找到了一些替代思维，并且通过上面提到的问题调整了自己：

"即使同事们偶尔会注意到我的工作，但我没有太多证据表明他们在议论我。"

"我极有可能夸大了老板对我的关注。"

"我可能过度诠释了那个笑声，它并不是威胁。"

"我有足够的证据表明老板对我的工作很满意。"

"即使别人注意到了我所犯的一些小错误，那也并不能怎样。我不太可能因为这个而被解雇。"

"我并不知道别人对我的看法，也没有证据证明他们认为我很糟糕。"

……

有了这些替代思维，迈克发现自己的恐惧值从80%下降到了30%，他也没有之前那么自责了。下次，如果又有扭曲的认知出现，迈克就能够及时停止，然后提醒自己他可以主导一切，他有选择。你说，他是会重蹈覆辙让自己承受压力和痛苦，还是会选择这个更加令人舒适且现实的思维模式？

行为实验

当你运用以上方法时，你需要让自己活跃的思维平静下来，去质疑那些它不知不觉中所产生的无用的想法。此时，你就像是一个精神调查者或者是科学家，直击事物最本质的地方。但是，有一些我们十分重视的假设和偏见，在我们了解了自己的认知扭曲和找到替代思维后还会依然存在。

例如，你认为每个人都厌恶你。这个念头可能来自于你的童年或者你对自己身份的习惯性定义，所以它在你的大脑中根深蒂固以至于根本无法改变。哪怕你很明白"厌恶"这个词的语气非常强烈，你也试图推翻自己的认知，寻找替代思维，然而却仍然无法改变自己的这个念头。这个时候，请尝试另一个办法——测试它。这可以让你从根源上解决问题。

为我们的认知寻找证据是很有用的，但有时，也需要通过"实验"来证明我们有些想法完全是空想。顽固的核心信念都有情感的成分在——因为你在为它们辩解——这就意味着它们不会轻易消失。所以，尝试以下方法：

阐明你的信念。弄清楚你的想法，把它写下来。连同你的感受和感受强度都要写。在这个具体实例中就是"每个人都厌恶我"。

创造一个假说。这个假说要包含一个潜在的替代思维，如"有些人并不讨厌我"。

创造一个实验。对以上假说进行测试。你该做些什么呢？可能你会找到一些过往的例子：曾经有人说他喜欢你。或者你也可以进行一周的观察，看看你身边的人对待你的方式，是不是真的可以称之为"厌恶"。

进行实验。要用尽可能开放的态度对待实验，并写下你观察到的情况。你可能会发现许多人都很想跟你相处或待在一起。

分析结果。你能得出什么结论呢？你先前的那个信念"每个人都厌恶我"还能站住脚吗？还要注意观察，当你的信念改变时，感受发生的改变。

调整。调整你扭曲的想法。当你又开始心生怀疑时，请提醒自己你已经从理论和实际两个方面证明了自己。记住你在替代思维后的内心感受。

这里还有几种不同的行为实验供你选择。以上我们所提到的方法叫作"假说直接验证试验"。然而，有些我们会过度思考的事情则不会像实验当中那样轻易地找到假说去被推翻。另外，恐惧和某些负面想法也很难去被测试。例如，一个孤独的人想知道是否有人关心他。这个测试不能或者说不应该做，因为我们不能通过伤害他自己来确定是否有人在乎他。

针对这种情况，我们可以使用替代实验法来开展调查。

比如，你脑子里总是会产生一些你认为很令人反感的、尴尬的想法，以至于你无法跟别人去诉说。那么你可以用以下两个方式来替代：找你认识的同样会焦虑的人，问问他们都有什么样挥之不去的不好念头；通过网络上的个人账户倾诉。你会发现有很多人与你有相似感受。这样一来，你就会觉得自己的想法并没有任何不正常的地方，它们也没有你之前想的那样有危害。

第三种行为实验是发现实验法。通常，焦虑的人会对某些特定的人、这个世界甚至他们自己持有一种毫无依据的个人看法。然而他们将自己无厘头的恐惧深埋于内心以至于根本无法去假设一个替代思维。他们深信如果自己无法避免某件事或不去做某件事，坏的结果就必然发生。例如，一个在童年遭受过性侵的女孩会一直感到羞愧，某种程度来说，她被性侵者毁掉了。目前，尚无明确原因解释为何在被侵害后会让被害者感到永久性的伤害，但是由于她长期处在这样的思维状态中，这使她很难改变想法，让她认为自己并没有被毁掉。

在这样的案例当中，当事人应该问自己："如果我改变看法，表现得如常人一般会怎样？"这个实验同假说实验的区别在于你不仅仅是验证某一想法或者说法的真实性，你还在付诸实际行动来确定周围人的反应。尽管会让人望而却步，但这是唯一能够确定自己所想是对是错的办法。毕竟，有些事情只停留在思考中是不够的。另外，在所有这些实验当中，你最有可能被这个实验所说服，因为你自己的经历会自行证明一切。

为我们所持有的顽固核心信念创造实验，有时这些信念来自于过往经历或者根深蒂固的旧观念。有时，说服你自己做出改变的最佳方式就是去尝试，在真实中尝试。切实的行动会让我们摆脱精神上的桎梏，体验改变，而不仅仅是想象改变。

用认知行为疗法（CBT）来消除消极的自我对话

走进过度思考者的内心，你会大吃一惊——你以为他们只是偶尔冒出一个念头，其实不然，他们的大脑里总是源源不断地涌现出许多想法，让你应接不暇。自我对话被定义为日常生活中我们的潜意识里持续产生的一个声音。这个声音对我们的现实经历进行叙说或者评价。它可以表现为中立（只陈述叙说）、积极（让你开心，做事有动力）或消极（让你感到难过和焦虑）。

一个消极的核心信念和消极的自我对话之间有什么区别呢？老实说，二者之间确实有很多相似之处。让我们通过一个例子来看一下它们的区别，"我一定要事事做到完美，大家才会喜欢我"，这个核心信念可能会导致一连串的自我对话："你就是个失败者，你看看你做的事情如此糟糕。谁愿意跟你这么没用的人在一起啊。够了，别再顾影自怜了，你这么神经兮兮的，难怪你至今还单身呢。你干啥啥不行，你知道原因吗？告诉你，我都不知道你这是怎么回事。"

去逐一反驳那些消极评价没什么用处。但是只要我们稍加耐心，仔细观察，就会发现它们都源于一个用不同方式表达出来的核心信念。消极自我对话则可以通过它的情绪特征识别出来——你可以感受到上面那个自我对话中当事人的羞愧、自我怀疑和自责吗？与其说这一连串自我对话不对（当然它确实不对），不如说它太刻薄了。

CBT 疗法对于那些由于长期缺乏自信，经常自我否定所引发的自我对话十分有效。使用之前讲的 ABC 模型或记录消极想法的方式，我们可以找出这些自我对话的诱发事件——这个难度会比较大，因为这样的自我对话发生在潜意识当中并且持续了很久，以至于你无法确切地分辨它到底何时开始出现的。但是，通过这个记录，你可以尝试从中提取哪怕一个情绪主题，然后依据这个主题确定让你的思维开始出现消极对话的那个核心信念。

针对那些根深蒂固的消极自我对话，更好的替代思维通常应该是更加感性的。你应该去了解这个自我对话背后的情绪特点并直接解决它，而不是纠缠于它是否足够准确而富有逻辑。在上面的例子当中，当事人不仅仅需要改变自己的想法——"我不完美，我也值得被爱"，还要改变自己的情绪认知——"我很好，我热爱生活"。

自编脚本：培养并强化积极的自我对话

我们的思维、情感和行为总是以复杂的形式共存共生——这是不争的事实。当我们进行自我对话时所使用的语言与自我陈述的准确性一样重要。我们内在定位自己的方式不仅仅是我们拥有的那些单一想法，更是一种持续的态度和习惯。就像我们对待其他关系一样，随着时间的推移，我们可以和自己建立一种友好和尊重的关系。

一个"自编脚本"不仅仅是一些自我陈述和观点，还要建立一种可以长期存在的、适宜的、能够激励自己的方式与自己对话或评价自己。你会用什么样的语气跟自己对话呢？积极还是消极？准确还是含糊？现实还是虚幻？善良还是刻薄？支持还是反对？

一个走心的自编脚本可以影响我们的内心对话。在你感到压力或是过度思考时，这样的自编脚本会派上用场，假以时日，它会成为一种潜意识行为。自编脚本可以应用于冥想、想象视觉化、渐进式肌肉放松中，或者也可以把它与语言暗示及鼓励引语结合，以应对焦虑。在你感到积极快乐时编制一个鼓舞人心的脚本，当你焦虑和沮丧时，它就可以派上用场了。

如果你很熟悉自己什么时候会变得脆弱，会产生消极的自我对话或过度思考，那么请记得提醒自己及时打开你的自编脚本。例如，马上要进行公开演讲了，你知道这会让你焦虑。你可以这样做：调整呼吸，想象眼前是一片平静，然后在内心告诉自己"你要演讲了，这不是什么世界末日，之前你无数次演讲都很成功"。用这样的方法，你可以克服那些杞人忧天和极端化的想法，让自己从容完成这次演讲。

自编脚本与自我催眠有些类似。它会把你的注意力带到你想要去的地方。自我对话是发生在潜意识里的，但是一个走心的自编脚本能够让你更好地控制自己。在你平静和精力充沛时多多练习，这样在感到焦虑时就会更加从容应对。你也可以把自编脚本当中的一些关键词写出来贴在自己视线可及之处。过一段时间，你会发现自己因为自编脚本而带来的情绪和思维上的变化（希望有），你也可以在应用的过程中适时做一些调整。你还可以编制多种不同的脚本来应对不同的诱发事件、认知扭曲和恐惧。

如何定义积极？众所周知，一些虚假的鼓励和你自己都不信的心理暗示是不会有作用的。积极的自我对话并不意味着完全脱离现实，对自己撒谎或者对问题视而不见。你愿意给你的生活一点点"偏爱",这才是"积极"真正的含义吧。

请记住,你的目标不是完全消灭压力、不确定和生活中的困难,你也不是要把自己置身于一个完美的梦幻之地。适当的压力会让我们更加积极地面对生活!

本章要点:

许多人都会陷入某种消极的思维模式而感到焦虑。认知行为疗法可以帮助我们了解这些思维模式,进而改变态度,积极面对。它对我们的精神健康很有帮助。

首先你要知道自己被哪些认知扭曲所影响。较为常见的有:黑白思维(你看待问题很极端,不是天堂就是地狱)和心理过滤(完全忽视事物积极的一面,只看到最糟糕的一面)等。认知扭曲的类型很多,而且也会同时发生在一个人身上。

接下来我们要弄清楚诱发你某种认知扭曲的人、事或者环境。你可以使用消极思维记录法将相关细节记录下来。在这一步,只要你发现自己开始进入了消极思维模式,就要注意停下来,弄清楚让你产生这种思维的地点和事件,还有你具体的想法,以及它属于哪种认知扭曲。接着,想出一个合理的替代思维。

弄清楚了认知扭曲的具体类型之后,我们需要去改变它们。一个有效的办法就是行为实验法。简易操作步骤如下：首先，清晰地说出你的负面思维；其次，想出一个假说（一个证据或是过往经历）推翻你的负面思维。如果你可以找出推翻你的消极思维的证据，好好利用它们去改变你的消极思维。

第六章
新兴的态度与情绪调节

本书重点从多个角度研究了过度思考这个问题（其本质是焦虑），并提出了相应的解决办法。我们讲到了时间管理法则、生活中的压力来源、如何控制自己的思维和情绪，以及如何减少紧张和压力。

本书的目的不仅仅是教会你一些有点用处的方法和技巧，而是希望你通过读这本书，能够全面了解自己的所思所想，并有针对性地自我调整，从而成为一个能够冷静、理智、自信面对人生的人。一个被负面思维压得喘不过气的人和一个可以收放自如面对困难及压力的人之间有什么区别呢？答案就是：态度。

在这一章节，我们将对前面所提及的方法进行总结，概括出一个不焦虑的人所应该具备的思维模式。它是前五个章节的总结性"宣言"，或者更准确地说是一种态度的表达。你能够控制自己的注意力，把它们放在你想专注的事情之上。但如果你认识一个天生冷静的人，你会发现他的性格特征中总是会具备我们所讲的这些态度。只是他的天然表现于我们而言是需要一点有意识地培养的。我们希望通过持之以恒的练习，将前面章节中讲的方法真正变成你的一种生活态度。

态度一：专注于自己可控范围内的事情，而非不可控的

人的注意力一次只能专注于一件事情，所以，你做何选择呢？当你感到无助和失控时，你就会焦虑。当我们专注于那些力所不能及的事情时，我们自然会感到无助。我们对于可以做出的改变视而不见，却总是专注于那些让我们感到挫败、无能为力的事情。它们好像是站立在聚光灯下的演员般引人注目。事实上，很多解决问题的办法就在聚光灯之外不被我们所注意的地方。

再比如，你耗尽全身力气去推一个石墩，它纹丝不动。你的推动毫无意义，只会让你筋疲力尽，垂头丧气。你推不动，那就不要推了。为什么要把精力耗费在没有任何意义的事情上呢？尤其是你本可以把这些精力放在其他真正有意义的事情之上的时候。

诚然，有些时候摆在我们面前的选择都很不容易，我们所能做的事情很有限。但就是这个时候，你依然有其他的选

择：管好你自己的情绪。它可能是唯一的选择，但也是最好的选择了。例如，你遇到了一起小的交通事故，是由于对方司机开车看手机造成的。结果他不但不承认错误，还朝你大喊大叫。

　　这种情况下，你生气、愤怒都是正常的。但是，生气愤怒有什么用呢？坦然面对现状，不要纠结于你无能为力的问题。此刻的你更应该详细了解保险处理流程，尽快解决问题去修理汽车。这件事情中，很显然是对方的错误。这件事很可能会让你感到烦恼。但是，你不需要承担这件事情带来的压力，不要在意对方的言行，能解决问题就好。

态度二：专注于自己力所能及之事，而非力所不能及的

　　这就是第二个核心态度。焦虑和过度思考的共性是：抽象的、内在的和模糊的，让你充满了不确定、恐惧、回忆和揣测。你仔细想想，它们只不过都是虚无的东西。如果你以消极的方式思考，那么你更像是一个生活的奴隶，你无法运用自身的能力积极迎接生活，你只能被动地接受周围的世界并深陷其中。有些时候，我们被过度思考所笼罩，只是因为我们害怕面对，我们不相信自己有能力面对。

　　付诸行动有助于你保持头脑清醒，从而不会消极揣测和过度思考。如果你的精力不放在解决问题上，那你就会沉浸

在自我否定当中，感受挫败和无助。这些消极情绪会被不断放大，蒙蔽你的双眼。

设想这样的情况：有人想开一家酒吧，但是各种繁琐的手续导致他无法拿到一个酒类经营执照。事情似乎进展不下去了，整个计划也被打乱了。于是，他不断地告诉自己这事儿做不成了，太不公平了……这让他倍感压力。

但是，如果换个角度去思考："酒吧开不了了，我还能做什么呢？开个咖啡馆也不错啊。"

在理想世界中，我们可以使用认知能力去想有创意的办法解决问题。思维如果可以激发行动，那就是高贵的能力。没有思维的行动是愚蠢的，但是没有行动的思维就只是焦虑。

拥有正确的态度，逆境和困难都可以变成产生金点子的机遇；压力和担忧亦可以转变为规划和创新。很多杰出发明家的想法都源于最初的失败和挫折。当你把注意力放在失败上而非失败后可能产生的新机遇时，你就将自己置身于毫无裨益的压力当中了。

态度三：专注于自己拥有什么，而非没有什么

你感受到这样一个特点吗？信心和满足来自于对事情的积极认知和对解决办法的寻求；而焦虑来自于对一件事情所

有负面内容的专注。前者是以好奇心驱动的，它是发展的、强劲的；而后者是基于冷漠和对事情的悲观认定的，它是受制约的和无力的。这就好比半杯水，有人看到的是还有半杯水，但有些人看到的却是只有半杯水。

专注于自己拥有的东西，可以引导你对事情做出积极健康的评价。你拥有什么资源？有什么可以发挥好的作用？你应该对什么心怀感恩？如果你用这样的思维去看待问题，那你一定会看到新的机遇和解决办法。相反，如果你只是专注于你错过了什么、你没有什么和你的错误，那你看到的就只有失去和失败。如果你没有完全专注于能够让你摆脱不开心的办法，那你就一定会错过它。

我们来看一个简单的例子，设想某个人要为孩子举办生日派对，宴请许多宾客——各个环节都要安排妥当，可以说很有压力。派对过程中，发生了一个小意外，生日蛋糕被打翻在地，一片狼藉。宴会的主人可能会为这个事情闷闷不乐，认为整个派对都被这件事给毁了。但是，这位主人也可以用幽默和创造力去应对。厨房里还有生日蜡烛、大西瓜、宴会装饰物和大量的糖果。这一天完全可以用来组织在场的孩子们来一场创意蛋糕设计大赛。

过度思考者往往会在夸大问题的同时看低自己解决问题的能力。他们容易小题大做并告诉自己是无能为力的。而冷静沉着的人即使面对真正严峻的问题，也会有信心依靠自己的能力和毅力找到解决办法。

态度四：专注于当下，而非过去和未来

焦虑是无处不在的。它能让你停留在自己不能改变的事实当中忧心忡忡（即为不可控之事而担忧，见态度一）或者杞人忧天。但是主观能动性和有效的解决办法是只属于当下的。把你的注意力放在当下，限制过度思考的空间。把你的思绪——任何的办法、任何的快乐、任何的真知灼见和任何的有效的措施，都置于一个对你有用的地方——当下。这才是你该关注的地方。

我们来看一个稍稍严肃一点的例子，设想一个人，他为自己曾经被虐待而挣扎、迷茫，他感到精神恍惚，暗无天日。在这个人心里，他不仅为过往发生的事情和所犯的错误而心烦意乱，他也在为日后该何去何从而郁郁寡欢。如果经过几年的治疗和自己的努力调整，这个人遇到了一个美好的伴侣，事情应该会不一样了吧。

但是，他没有沉浸在这段刚刚起步的浪漫当中，而依然纠结于那不堪的过往。他担忧他们的关系会被那段过往所影响，他无法走出那段黑暗。他悲观地认为当下的浪漫也只是暂时的。他给自己贴上了复杂、不完整的标签，并坚信其他人也会这样看待他。

自始至终，有一个事实都被忽略了：当下，现在，一切都那么美好！有多少人沉湎于无法挽回的过往而错过了一个崭新美好的当下！又有多少精力和时间被浪费在了杞人忧天这件事之上而错过了一个真实生动的现在！

态度五：专注于你所需，而非你所想

不焦虑的思想是很淳朴的。内心的自我认知和自我对话给我们编织了一个跟现实生活毫无关联的复杂世界。我们被过度思考引向歧途是因为我们误解了什么是幸福快乐的必需品，而什么又是可有可无之物。

专注于你所需而非你所想有助于抓住事物的本质，找到最重要的东西。集中注意力于主要矛盾，忽略次要矛盾会减少你的压力。例如，一个人计划搬家，为了让新家位置更加符合自己的生活习惯，他事无巨细、亲力亲为，这让他疲惫不堪。他陷入了对繁琐小事的反复思虑当中——A 地有个很棒的花园，可是它比 B 地贵多了；B 地倒是购物方便，但 C 地不仅购物方便还便宜；C 地没有花园，但是它的木地板那么好，花园又算得了什么呢？但是……

在各种选择前权衡是合理的，但是它也会让你产生选择困难。过度的优化选择会让我们越来越远离最初的想法，去关注那些重要但不必要的东西。但是，案例当中的这个人如果能够及时停下来，列出他的新房子最需要具备的三个特征——价格、花园和三个卫生间，那么，他就会目标明确，从而忽略那些不符合这些条件的选项。

专注于所需也会帮助我们面对一些重大改变、困难和失望时更加淡定从容，这不是世界末日。如果我们能分清需要的和想要的，那么当我们得不到一些东西的时候就会更容易释怀。

值得注意的是，我们人类真的不擅长弄明白我们到底想要什么，也不擅长找到真正让我们快乐的东西。当我们专注于自己最基本和必要的需求时，我们需要面对自己最真实的价值观。然而，当我们思考自己想要的东西和欲望时，我们会陷入麻烦当中。我们有谁没有在选择时犹豫和说服自己放弃想要的东西中陷入过麻烦呢？

练习一点精神上的极简主义思想，把事情缩减，不要试图把重大决定控制在一个极端的程度。我们都有可能被我们认为自己应该想要的东西、别人想让我们得到的东西、不同文化和社会对我们的期望、广告或其他一些转瞬即逝的并不重要的妄念所迷惑。真正的需求通常是简单直接的，那些需要我们反复证明、解释的决定和欲望并不是真正的需求。

正如你看到的，这份宣言当中的五种态度其实是一个主题的五个变体。不会受过度思考干扰的人们都具备一种人生态度，一种可以灵活应对、专注当下、坚守选择的积极态度。在任何境况下，都要把你的注意力放在事情好的一面上——不论你遇到什么逆境，你的选择、你的资源、你的潜力和你为了自己坚持不懈努力的能力都是最重要的。

基于反向行为法的情绪调节

以上的态度塑造了我们的思维、认知和行为，并最终帮助我们形成了自己特有的世界观。

内化这些态度是一个自主的过程，有意识地让自己变得更加积极、思维灵活、充满希望、感恩、好奇、耐心和自尊，甚至还要有一些小幽默——换句话说就是小情绪，大改变。当我们能够了解并掌握自己的情绪时，我们就可以让这种情绪状态更好地为我所用。对自我的控制就是对自己身体、思维、心灵或情绪的掌握。

之前提及的 CBT 疗法和基于正念的方法都是告诉我们如何安放自己的情绪。我们用平静的心态看待自己的感受，接受它们，这一点至关重要——情绪管理始于情绪认同。我们不是通过赶走坏情绪来调节心情，而是通过了解它们，与它们友好相处来调节。

在另外一个治疗领域中拥有很多成功案例的方法是反向行为法，顾名思义就是按照你的情绪反着来做事情。当然，这并不意味着否认或对抗你的真实情感。想要练习这个方法，我们首先需要面对过度思考时内心真正的感受（如害怕、恐惧、不安、内疚），然后不带评判地审视自己的情绪，你在练习 CBT 疗法和负面思维记录法时已经有过实践。

　　这个情绪管理法的第一步不同于其他的治疗过程——此处你只需要任你的情绪自由蔓延。安静地专注于你的呼吸、身体和意识，感受你的身体里产生了什么样的情绪。你可以在每日进行正念练习时辅以该方法，也可以将它与想象视觉化练习共同使用。当你身处危机当中或有不好的情绪产生时，你也可以用这个方法让自己去感受当时的自己。

　　有一些情绪并没有什么错误，尤其是在过度思考时产生的恐惧情绪。你可以理所应当地面对它、感受它。然而，我们知道，情绪和思维、行为是关联的。因此，当我们产生某种情绪时，我们有权表达在想什么或者想做什么。

　　过度思考背后更多的是恐惧——害怕失控、害怕不知所措、害怕失败、害怕未知的风险等。这些感受是合理的，但不意味着是正确的，更不意味着是有益的。如果我们表现得很恐惧，我们通常就会越来越恐惧。因此，我们去审视自己的感受，知道自己很恐惧，但可以选择不同的表现。这就是反向行为法的依据。

　　例如，如果我们陷入了过度思考，恐惧的情绪状态会影响我们产生一系列不同的行为：我们可能会躲避人群和事情；不敢承担任何风险；拒绝探索未知；对外界毫无兴趣；变得多疑甚至偏执；否定自己；不再有梦想和目标；拒绝面对困难而错失良机；抑或是因为自己的问题而责备他人。

当被恐惧和焦虑所笼罩时，我们的想法也受到了局限：

"这个世界很不安全。"

"没有人值得信任。"

"这事儿肯定没戏，你都不用试。"

"别把脖子伸出去，太危险了。"

"千万别尝试，一定会坏事。"

恐惧是真实且痛苦的，但我们可以和它划清界限，无须沉浸其中。换言之，我们人生路途中，恐惧和焦虑可以是我们的旅伴，但它们绝不能是掌控我们人生方向盘的司机。

焦虑和恐惧的反面是什么呢？当我们没有这样感受的时候会想什么做什么呢？

我们一定是自信且放松的。我们会兴趣满满地体验新事物，不会害怕风险。我们内心深处信任他人、信任自己，我们也明白生活对每个人都是平等的，我们有能力去面对。有时，我们感到害怕，但我们可以把害怕转变为动力激发我们向前。我们的大脑中也会有各种想法："如果我尝试这件事，结果会怎样？""我不知道结果怎样，但我会充满希望。"

我们通过 CBT 表格记录不健康的想法，从而想到更好的替代想法。反向行为法也是如此，它让我们了解某个想法背后的真正情绪，进而找到一个更好的替代情绪。大致过程如下：

1. 了解你自己的情绪，承认它的存在，不做有任何色彩的评价和诠释。

2. 审视这种情绪让你产生的想法和行为。你是否喜欢它们？它们是否有利于你实现自己的目标？它们和你的价值观是否一致？它们是否让你感到无法喘息？

3. 如果答案是肯定的，找出与以上情绪相反的情绪，通过强化这种反向情绪的感受，让你的情绪稳定并逐步转向更加有益身心的方向。

4. 固定一个时间段（五分钟或一天皆可），全身心投入这种反向情绪。如果你在两种情绪间左右摇摆，记得提醒自己投入反向情绪的理由：负面情绪和积极情绪带给你的想法和行为，孰好孰坏？

5. 审视结果。当你训练一段时间之后，请注意对比过去，看看现在的情绪、想法和行为是否有所改观呢？当你今后有相同负面情绪出现时，提醒自己今天取得的成果。

这个方法不是让你否认或压抑自己的负面情绪——恰恰相反，它是通过强化你的情绪管理和自我控制能力，来让自己更加明确地意识到是什么经常将你带入无意的负面思想和行为模式当中。

　　回想一下之前那个车辆碰撞事故的例子。司机对你出言不逊，你可能被愤怒所主宰。但如果你能够控制自己，明确状况，就能做出改变。你清楚地知道愤怒之下的想法和行为对任何人都没有好处，你就会去找寻相反的情绪来应对状况了。

　　在接下来的十分钟，你会有意识地做出决定：你不会朝着那个司机大喊大叫，指责他的出言不逊。你会用柔和的声音，以中立的态度去缓和局面。你可以在形式上认可对方但并不是认同他的态度。这个过程可能会让你感到身体紧张，但是用十分钟解决事情，未尝不是好事。

　　十分钟过后，争吵结束了，你会发现一些好处：当你审视自己的感受时，你会发现你根本没有因为愤怒而冲动，去说一些或做一些令人后悔的事情。更重要的是，你整个人很冷静，你不会因为受到的不公正而煎熬很久，你会很快忘掉刚才发生的不快，生活不会受影响。

　　在没有否认你的愤怒和紧张情绪的前提下，事情依然得到了妥善解决。事实上，你也可以在一个更合适的时间（如十分钟之后）再去感受那种愤怒，这个方法是充分尊重你的情绪存在，但这并不意味着在这种情绪产生的那一刻就去感受它，抑或是让它去支配我们的所思、所说和所做。它并不是一个主宰者。

反　刍

反刍究竟为何意呢？在本书中该词已经反复出现多次，但我们并没有给出一个准确的定义。

这个词语起源于拉丁语，最初的意思是指反复咀嚼。奶牛就是这样的反刍动物。我们用这个词来类比人类大脑就某件事进行反复思考的过程。奶牛反刍是将半消化的食物从胃里返回嘴里再次进行咀嚼。我们人类的反刍也是如此——我们将一些陈旧的记忆、想法和事情多次拉回脑海中思考。但是，反刍对于奶牛是一种生理的必需，而反思对人类则有时候是伤害。

举个例子，你和一个对你很重要的人的观点不一致，于是你在大脑里反复排练如何跟对方沟通。你想象着自己说了一些让自己感到十分懊悔的话，或者你感觉事情不妙，思绪停留在那里反复琢磨，放大每一个细节并努力想给出一些不同的解释和因此可能产生的结局。大体来说，反思就是一种过度思考。

这样的反刍让你大脑中的想法乱作一团，毫无头绪。通常情况下，我们脑子里冒出一个陈旧的记忆，它又会触发一些其他的记忆（常常是负面的），这一连串的记忆会把我们圈在一个过度思考的死循环中越陷越深。你在不断反思的过程中，变得越来越焦虑，根本无法解决问题。换句话说，你就像是在反复给自己讲述一个恐怖故事。

如果你习惯性沉浸在一些糟糕回忆当中，那么你可以这样做：首先，弄清楚是什么勾起你的回忆。可能是老房子中的一个房间，可能是某一首歌曲、某一种事物或者某一次被评价的感受。不论是哪个原因，你都要弄明白它对你有何影响，这样你才可以有针对性地解决问题。

其次，了解自己到底在反思什么。是后悔，还是憎恨，抑或是失望？是他人的问题，还是自己的问题？

最后，你需要看清楚这个一开始就反复萦绕在你大脑中的虚构情境并与之保持距离。通过阅读本书所提到的各种方法，你应该可以做到。从心理上跟这个肆意干扰你的回忆保持一定距离。按照前面所提的练习方法，你要以中立的态度让思维延伸。

你可以通过**贴标签法**来与其保持距离。为脑海中的那个回忆起个名字，每当你的脑海又出现这个充满内疚和愤怒的回忆时，你只需要对自己说："传奇（你对回忆的命名）再次出现了。"这样你就可以通过中立的态度来与这段回忆保持距离，而不会深陷其中。尝试用"此刻我真没用"代替"我真没用"；用"此刻我回忆起了一段痛苦的往事"代替"我亲自毁掉了自己的机会"。跟这些负面的感受划清界限，你就会更加明白它们只是暂时性的存在。毕竟，我们对自己的折磨有几分是基于现实的，又有多少是故事成分，是由我们自己决定的。

在应对过度思考时，增加些幽默感无疑是更好的。当你可以用幽默感来面对时，你就变得更加收放自如，更加强大。告诉自己："今天下午，我的怜悯派对就要隆重开启了。"你可以把它想象得荒谬离奇一些：人们手拿滑稽的小气球在街上游行，展示着我童年的各种糗事。大胆自黑——至少你很确定，你不是唯一一个爱唠叨那些糗事的人。

这里还有一个办法，刻意问自己：你所做的，到底是在解决问题还是无意义地反思？坦诚地说，一开始，你的一个想法可能看上去颇有见地，但总体而言，你越是反复思考，效果就会越差。解决问题最有效的办法就是去付诸行动，要让自己真正投入到当下去做点事情，而不是陷入无尽的权衡、猜测与担忧当中。

如果你对以上问题的答案是：我是在无意义地反思。那就请有意识地强迫自己关注当下，去做点什么。比如，你在思绪混乱之时对朋友口不择言，说了些尖酸刻薄的话，事后你懊悔万分，脑海中无数次回想起你说的那些伤人的话，内心感到不安。这个时候，你可以问自己："我到底是在解决问题还是无意义地反思？"这样一来，你会意识到自己只是从心理上一遍又一遍地进行无意义的反思。那么，请立刻停下来，真正去做一些可以改善你和朋友关系的事情。

　　这个事情的症结在于你伤害了朋友，你应该道歉或者主动去重修旧好。想到这里，你就会把精力放在解决问题上，找到能够改善现状的办法。如果你感到回天乏力，那就试着转移注意力，尽量原谅自己，生活还要继续下去。

　　通过把用于焦虑的精力投入到改善你和朋友的关系或者与自己达成和解当中，你就可以走进一个新的人生境界，远离那些只能让你在原地打转的思想旋涡。

　　我们已经讲过要学会跟自己和解，你可以通过把注意力转移到其他事情上以得到更好的自我调整。当你发现自己陷入了循环反思模式（哦，又来了，还是那些无聊的往事），马上把自己的注意力转移到其他的事情上。站起身，边做开合跳边倒背字母表、列出一周的购物清单、做点针线活儿、整理书桌或者唱一首有难度的歌曲。你做什么不重要，你的目的是将注意力转移，不要去陷入无意义的反思。

　　如果你不知道该做什么，那就去感受你的五官带给你的感受，或者做一些运动，如慢跑或瑜伽。不要让自己痛苦地坐在那里与烦扰你的思绪做斗争——如果你愿意，起身运动，忘掉它们。如果你发现自己脑子里充满了诸如"本应该、本可以、要是这样该怎么办、如果"等这样的想法，请马上阻止它们继续。通常，我们觉得分散注意力是不好的，但如果使用得当，它也是一个对我们有益的工具。

你会对自己完全无能为力的事情而烦恼吗？

你会小题大做吗？

你的反思对于改善状况或者解决问题有帮助吗？

你是否怀疑过自己对一些事情的理解——你相信自己的判断吗？

把无意义反思看作是一个爱喋喋不休的无聊的老朋友，尽量与之保持距离。尽量让自己保持冷静和客观，你要知道，你脑海中的那些东西是无足轻重的。某个时候，这个老朋友来了，他对你说："还记得几年前你大言不惭地说你懂法语吗？结果有人和你讲法语时，你却一头雾水，多丢人啊！"你可能会在看一个电视节目或者与当初在场的一个朋友碰面时想起这件事情。不论怎样，事情发生了，你会怎么做？情境一：你和这位朋友展开了一场漫长且令你不安的谈话，提到当时你竟然编造那样的谎言，那是多么愚蠢和尴尬！情境二：你冷静地对那个心烦意乱的自己说："是的，不就是那件事嘛，已经过去很久了。我知道自己做错了，我以后再不会那样吹嘘自己了。其他人也不会在意这件事的。现在，我要去做我该做的事情了。"

当这位无聊的老友提起这件事，让你重新陷入当时的尴尬时，你对他说："嘿，老伙计，你能别总是提那些老掉牙的事儿了吗？你能给我来点儿新东西让我见识见识吗？如果不行的话，那就再见喽。我还有其他事情要忙呢。"你要有不倒翁的精神，不会被打倒。而那些扰乱你的思绪，你不在意它，它自然无趣地溜走了。

本章要点：

这本书是关于教你如何应对焦虑和过度思考的，但又不仅仅止于此。我们希望可以引导人们从根本上改变对事物的认知乃至生活态度。这里有五种基本态度，你可以将其运用并融会贯通。

第一，专注于自己可控范围内的事情，而非不可控的。面对一些可以掌控的事情，你尽管去做。但如果有些事情超出了你的控制范围，你也无须焦虑。很多时候，在你不知该做什么的时候，接受现实不失为上策。

第二，专注于自己力所能及之事，而非力所不能及的。这个与第一点有相似之处，但更为具体。在某些特定的情景当中，弄清楚你能做什么，不能做什么。

第三，专注于自己拥有什么，而非没有什么。我们总是忽略自己所拥有的而执着于我们没有的东西。人生不如意十之八九，只思一二就好。

第四，专注于当下，而非过去和未来。漫无边际的假设只会让自己陷入过度思考。

第五，我们要专注于自己所需，而非所想。毕竟人生所想并非皆可得到，专注于所需会更容易开心。

反思是无意义的过度思考。就像其他形式的焦虑，它可以通过我们的主观能动性和设置心理距离得到缓解。给你的思绪贴上标签，或者把你的思绪想象成一个老朋友，然后经常问自己："我做的事情是否有益于解决问题，还是仅仅是无意义的反思。"

全书总览

第一章　过度思考不只是想得多

究竟何谓过度思考？过度思考是指当你对事物的分析、评估、思考和担忧已经超出了正常范围，你没办法停下来，并开始影响你的精神健康的一种状态。

导致过度思考的来源主要有两个：第一是主观方面。遗憾的是，有些人生来就比其他人要更容易焦虑。但基因绝不是唯一的原因。有些人习惯性过度思考，这会让他们感觉自己是在想办法解决问题。过度思考是永无止境的，但却会让人产生错觉，误以为自己的思考有所突破。陷入这个怪圈就很难逃脱。

第二个焦虑的来源是客观方面。首先，我们需要考虑每天身处时间最长的环境，如自己的家或办公室。这些空间的陈设方式会影响人们焦虑的程度。身处凌乱、昏暗和嘈杂的环境更容易焦虑。其次，在与周边环境互动时，我们在社会文化环境中拥有的更广泛的体验，在广义的社交中也会产生焦虑。如种族歧视或性侵害都会让受害者产生极度的焦虑感。

过度思考有很多不良结果。这包括可能成为长期问题的身体、心理、甚至社会伤害。例如，心跳加快、眩晕、疲倦感、易怒、焦虑、头痛和肌肉紧张等症状。

第二章　几种减压公式

现在，我们了解了什么是过度思考，我们就需要知道如何去应对它。这里有很多简便有效的方法来帮助你缓解压力，克服焦虑。

第一个方法是压力管理的 4A 原则。它们是避免（Avoid）、改变（Alter）、接受（Accept）、适应（Adapt）。避免是指远离那些超出你控制范围的事情。有些事情不值得你去耗费精力，你最好摆脱它。然而，如果你无法避免一件事情，那就需要学会如何改变环境来减少它给你造成的压力。如果连环境也无法改变，那就只能去试着接受它并适应它，学会和压力和谐共处，并将其危害减至最小。

另一个很受欢迎的方法是减压日记。当过度思考产生时，我们大脑中会盘旋着无数个念头，让你无法喘息。然而，如果能够把它们系统性地记录下来，我们就可以去分析评估它们的利弊。你可以随身携带一个笔记本，以备不时之需。这样一来，久而久之，就形成了习惯。

第三个方法是5-4-3-2-1基本技能。这个方法是通过调动我们的五个感官来控制恐慌心理，它的效果十分明显。不论何时，当你感到恐慌时，试着选择5个可以看到的物体，4个你能够触摸到的物体，3种你能闻到的气味，2种你能听到的声音和1种你能品尝到的东西，充分调动你的感官，分散注意力，让你的大脑无暇思考。

第三章　管理你的时间和精力

我们焦虑的最主要来源是糟糕的时间管理能力。我们总是倾向于优先做让我们感到不舒服的事情，从而没有足够的时间来做自己喜欢的事情。我们很少花时间去充分放松，这样不利于缓解焦虑。一些可行的办法如下：列出待办事项清单、根据个人喜好对工作排序和化整为零，逐步完成目标。

这里还有一些高效管理时间的策略。首先是艾伦的"输入物"处理技巧。这里的"输入物"可以是任何来自外界的刺激物。我们需要记录下我们对于哪怕是最微小的"输入物"（如电话和电子邮件）的反应。然后，基于我们的反应，找到最佳的应对方式，进而确定最佳"输入物"。

另一个有效的办法是设置明智的目标。明智的（SMART）目标指的是具体化（Specific）、可测量（Measurable）、可达成（Attainable）、相关性（Relevant）和时间点（Time-bound）。

详细记录你想要达成的目标内容，明确该做什么，目标要可达成。其次，设定实现目标的标准，标准要可测量。接下来，要评估目标与你个人价值观是否相符，它和你的人生价值的实现是否相关。最后，设置一个合理的完成任务的时间点。

第四章　应对焦虑的即时方法

有些时候，你会觉得自己焦虑到极点，几乎快要失控。这时，你需要一些经过验证的好办法来缓解压力。

第一个方法是自律训练法。我们通过六个不同的练习来帮助你控制思绪和情绪。你需要找一个舒服的地方躺下或者坐下，缓慢平稳地呼吸，同时给自己一些语言暗示"我完全平静下来了"。间歇性地重复这个语言暗示，感受身体不同部位的感觉。这个方法掌握起来需要花费一些时间，但它简单易操作，可随时随地进行。

第二个方法是引导式想象和想象可视化法。找一个舒服的姿势，调动你所有的感官去想象一个地方，保持积极愉悦。想象的地方不受限制，只需要能让你感到放松即可。尽可能详细地描绘这个地方，充分调动你的想象力。

第三个方法是渐进式肌肉放松法。这个方法的理论依据是身体放松会带来精神放松。所以，我们首先让肌肉紧张起来，然后放松。同样，以舒适的姿势坐下来，从头到脚或者相反，让身体的各个部分先紧张再放松，依次进行。

最后，延缓担忧法也是一个减少焦虑的直接有效的办法。当你意识自己开始焦虑时，刻意地设定一个单独的时间去焦虑，而现在，你必须专注于当下。生活中，不可能没有担忧，但我们能够有意识地限制它何时出现，延续多久。

第五章　重构你的思维模式

我们中有许多人陷在某种负面思维模式中变得焦虑。认知行为疗法可以帮助你了解这些思维模式并且引导你建立积极的态度去应对焦虑，进而改善你的精神健康状况。

首先，你需要弄清楚各种不同的认知扭曲。常见的认知扭曲有：非此即彼的绝对思想（极端地看待问题，不是天堂就是地狱）；心理过滤（所有的事情只能看到不好的一面）。认知扭曲种类繁多，有时我们会在同一时间应对多种认知扭曲。

接下来，我们要关注诱发你某种思维模式的情境、人物或周边环境。你可以通过记录消极想法来跟踪相关细节信息。一旦你陷入消极思维模式，就要停下来，记录此时的地点、诱发事件、你的自动思维和你的认知扭曲类型。然后，找一个合理的替代思维。

在我们明白了什么是认知扭曲之后，我们需要改变这些思维模式。行为实验就是一个有效的办法。运用这个方法时，你需要弄清楚自己的消极想法是什么。然后创造一个假说告诉自己的想法是错误的。想一想在过往的经历当中，有什么可以作为证据推翻你的消极想法。找到更多类似的证据，用更充分的理由去质疑你最初的那个念头，并慢慢调整自己的思维模式。

第六章　新兴的态度与情绪调节

这本书是关于教你如何应对焦虑和过度思考的，但又不仅仅止于此。我们希望可以通过将人们对事物认知和态度中的基本转变方式进行归纳，进而产生更多影响来帮助人们进行认知调整。这里有五种基本态度，你可以将其运用并融会贯通。

第一，专注于自己可控范围内的事情，而非不可控的。面对一些你可以掌控的事情，你尽管去做。但如果有些事情超出了你的控制范围，你也无须焦虑。很多时候，在你不知该做什么的时候，接受现实不失为上策。

第二，专注于自己力所能及之事，而非力所不能及的。这个与第一点有相似之处，但要更为具体。在某些特定的情景当中，你能做什么？不能做什么？

第三，专注于自己拥有什么，而非没有什么。我们总是忽略自己所拥有的而执着于我们没有的东西。人生不如意十之八九，只思一二就好。

第四，专注于当下，而非过去和未来。漫无边际地假设只会让自己陷入过度思考。

第五，我们要专注于自己所需，而非所想。毕竟人生所想并非皆可得到，专注于所需会更容易开心。

反刍是无意义的过度思考。就像其他形式的焦虑，它可以通过我们的主观能动性和设置心理距离得到缓解。给你的思绪贴上标签，或者把你的思绪想象成一个老朋友，然后经常问自己：我做的事情是否有益于解决问题，还是仅仅只是无意义的反刍。